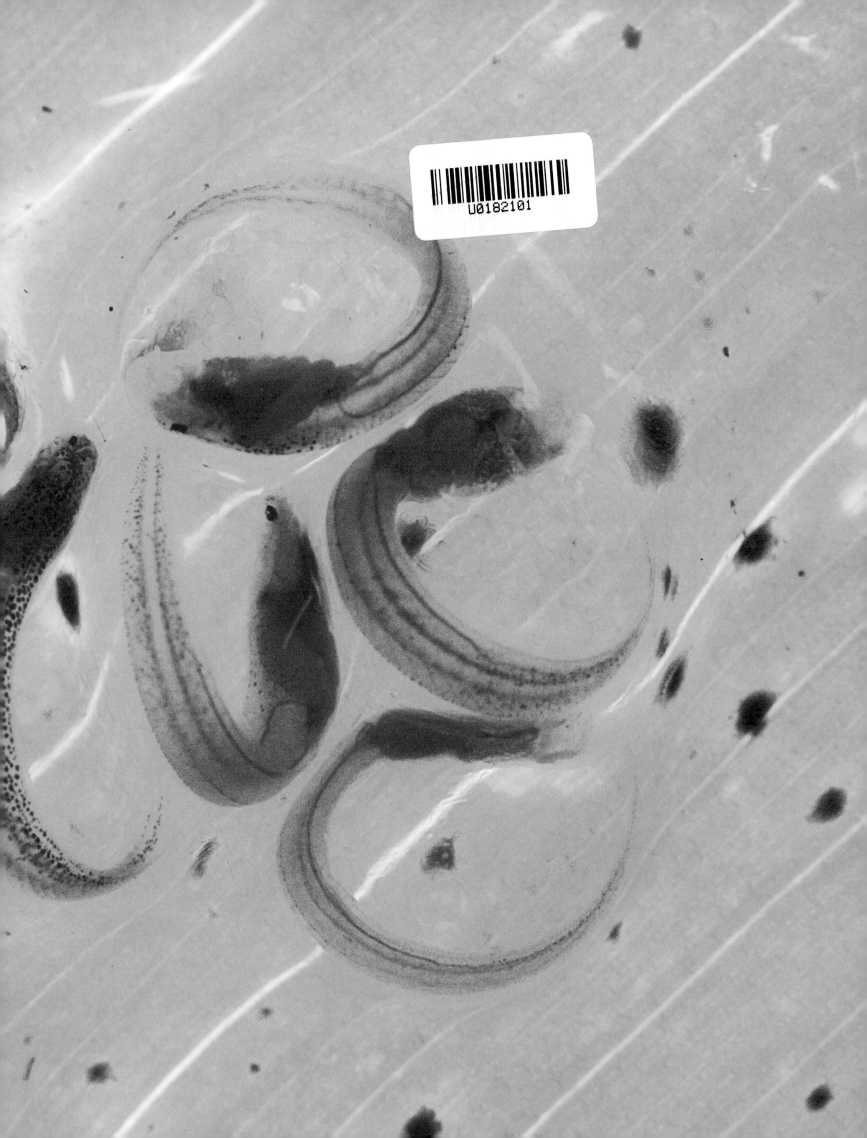

蛙

揭秘两栖动物的世界

[瑞士]托马斯·马伦特　著

王　原　译

科学普及出版社

·北京·

译者注：青蛙一般指广义的蛙类，即无尾目动物家族中的成员，

而不是与蟾蜍（蟾蜍科）相对的狭义的青蛙（蛙科）。

蛙

与卵在一起的玻璃蛙（*Teratohyla spinosa*）。摄于哥伦比亚。

染色箭毒蛙（*Dendrobates tinctorius*）。摄于法属圭亚那。

脊耳树蛙（*Polypedates otilophus*）。摄于加里曼丹岛。

琳达雨蛙（*Hyloscirtus lindae*）。摄于哥伦比亚。

红背曼特蛙（*Boophis bottae*）。摄于马达加斯加。

华丽叶蛙（*Cruziohyla calcarifer*）。摄于哥斯达黎加。

曼特蛙的一种（*Boophis tephraeomystax*）。摄于马达加斯加。

沃拉斯顿树蛙（*Litoria wollastoni*）。摄于新几内亚。

非洲牛蛙（*Pyxicephalus adspersus*）。摄于马达加斯加。

飞蛙（*Rhacophorus pardalis*）。摄于加里曼丹岛。

Original Title: Frog: The Amphibian World Revealed
Copyright © Dorling Kindersley Limited, 2008
Text copyright © Dorling Kindersley Limited, 2008
All images copyright © Thomas Marent, 2008
A Penguin Random House Company
本书中文版由 Dorling Kindersley Limited
授权科学普及出版社出版，未经出版社许可不得以
任何方式抄袭、复制或节录任何部分。

版权所有　侵权必究
著作权合同登记号：01-2023-5227

图书在版编目（CIP）数据

蛙／（瑞士）托马斯·马伦特著；王原译. -- 北京：
科学普及出版社，2024.1
书名原文：Frog: The Amphibian World Revealed
ISBN 978-7-110-10394-4

Ⅰ. ①蛙… Ⅱ. ①托… ②王… Ⅲ. ①蛙科—青少年
读物 Ⅳ. ①Q959.5-49

中国版本图书馆CIP数据核字(2021)第250151号

策划编辑　邓　文
责任编辑　郭　佳　白李娜　李　睿
图书装帧　金彩恒通
责任校对　焦　宁
责任印制　徐　飞

科学普及出版社出版
北京市海淀区中关村南大街16号　邮政编码：100081
电话：010-62173865　传真：010-62173081
http://www.cspbooks.com.cn
中国科学技术出版社有限公司发行部发行
惠州市金宣发智能包装科技有限公司承印
开本：889毫米×1194毫米　1/8　印张：35　字数：200千字
2024年1月第1版　2024年1月第1次印刷
ISBN 978-7-110-10394-4/Q·274
印数：1—10000册　定价：198.00元

www.dk.com

目　录

一位摄影师的激情

我觉得寻找和拍摄蛙类非常特别。当我还是个小男孩的时候，我在位于瑞士的家附近的小溪上筑了水坝，这样青蛙就会有一个更适宜生存的环境。这也意味着我可以更近距离地观察它们。我记录了我所看到的青蛙，并仔细地画出和描述每一个物种。这种热情一直持续到今天，尽管现在的我更喜欢用相机来完成这项工作！

我对青蛙的热情在我第一次探访热带雨林时得到了极大的提升，当时我徒步穿越了澳大利亚的东北部。我开始敏锐地意识到自然界令人惊叹的多样性。从那时起，雨林就成了我最喜欢的拍摄野生动物的地方。我最大的爱好之一就是在下雨的时候待在雨林里，听着青蛙发出的各种不同的叫声。这总能使我着迷，无法自拔。

青蛙的颜色、形状和叫声的多样性真是令人惊叹，也确实能进入野生动物摄影师的梦境。在最近一次去哥伦比亚的旅行中，我梦到了我曾找到的美丽的玻璃蛙，在这个梦中特别生动的部分，我即将迎娶一只玻璃蛙！我还记得当时我是如何被它纯粹的美貌迷住的。

但是在雨林中工作也有缺点。正如你将在本书的一些故事中看到，我在寻找最完美的青蛙拍摄照片时，的确遇到了一些困难。

但我被内心驱使着，尽可能多地去记录它们。今天，地球正面临着自恐龙消失以来最大规模的物种灭绝。在8412种两栖动物中，有约2000种正面临灭绝的危险，原因包括栖息地的丧失、气候变化、污染，以及人们将其作为食物或宠物。最严重的、迫在眉睫的威胁是一种致命的真菌感染，它正在摧毁全球各地的青蛙种群。

两栖动物被称为"煤矿矿井中的金丝雀"，是环境健康的最佳指标。两栖动物既是捕食者，又身为其他动物的猎物，它们有助于维持自然界微妙的平衡。如果我们不能控制正发生在两栖动物身上的事情——物种受到威胁，这对我们星球未来的健康又意味着什么呢？

托马斯·马伦特

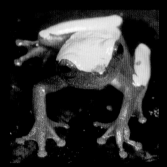

分 类

什么是蛙？

这个问题的答案似乎是显而易见的，但蛙的世界远不止浑身疙瘩的蟾蜍和池塘里的蝌蚪。

蛙类是两栖纲中最大的类群，约占两栖动物的90%。两栖动物还包括蚓螈类，以及200多种罕见的、形似蠕虫的穴居动物——蚓螈类。

上述三个类群之间的巨大差异显而易见。蛙类本身构成一个叫"无尾目"的目级类群，意思是没有尾巴。如果对某个两栖动物的分类有疑问，而它没有尾巴，那它一定是蛙类。

今天，有7427个已被公认的蛙类物种被归入了58个科级类群。人们有时会说，两栖动物是陆地动物中最原始的一种。严格地说，这并不是真的。更有可能的是，青蛙和它们的近亲是一个特殊的生物分支，它们已经演化到可以在世界上温暖和潮湿的地方繁衍生息。

大约3.6亿年前，第一批四足动物（即拥有四条腿的动物）从浅海爬出，并开始在陆地上行走。其中一个被科学家亲切地称为"埃迪"的家伙，在爱尔兰某岛屿的岸边留下了脚印。这些脚印现在已经变成了化石，所有到那里的人都能看到。埃迪和它的亲戚们可能拥有鳞片状的皮肤，上面还覆盖着坚硬的骨板，比现今体表柔软的两栖动物更像爬行动物。

△ 一只斑腿树蛙（*Boana fasciata*）坐在杯状的伞菌中。
▷ 一只来自哥伦比亚的树蛙躲藏在落叶中。

栖息地

两栖动物这个名字来源于一个希腊语单词，意思是"两种生存方式"。古代的博物学家已经发现，这些生物部分时间生活在水中，部分时间生活在陆地上。青蛙的早期阶段是在水中以蝌蚪的形式度过的。当它变成一只成体青蛙后，就开始在陆地上生活。虽然成蛙的活动范围可能远离水域，但它们仍然离不开水。产卵的时候，大多数青蛙必须找到一块静止的水域为它们的孩子提供一个庇护所。

青蛙无法调节自己的体温，它们的体温是由周围的空气和水来调节的，随外界温度的变化而改变。因此，青蛙在温暖潮湿的地方生存得最好，比如热带雨林，那里的环境基本终年保持不变。即便如此，一些蛙类物种已经适应了更冷的环境，它们通过冬眠——一种变得低耗能的休眠状态来应对寒冷的冬天。在干燥的地方，当水源枯竭时，一些青蛙会通过钻入软泥和土壤中来设法生存下来。

◁马来西亚的长鼻角蟾（*Megophrys nasuta*）生活在森林地面的潮湿植被中。

▷美洲牛蛙（*Lithobates catesbeianus*）是一种适应性很强的物种，能在多种栖息地生存，但很少远离较深的水体。

▽地图树蛙（*Boana geographica*）生活在亚马孙潮湿的低地森林中。

△ 黑斑岩蛙（*Staurois natator*）生活在加里曼丹岛的森林瀑布旁。

△ 加里曼丹岛的渗水蛙（*Occidozyga baluensis*）生活在泥泞的渗水区，那里的水流从森林土壤流入溪流。

△ 在澳大利亚的一场雨后，穴居的华丽汀蟾（*Platyplectrum ornatum*）正在游泳。在干旱时期，这种动物将自己埋在地下以保持体表湿润。

除了在树上攀爬，欧洲树蛙（*Hyla arborea*）也用它的长腿在泥地里爬行。

▷ 在秘鲁的亚马孙雨林中，一只斑腿树蛙（*Boana fasciata*）蹲在檐状菌上。

▽ 另一只树蛙——巴克利纤腿雨蛙（*Osteocephalus buckleyi*）栖息在秘鲁森林里的伞菌上。

一只曼特蛙（*Mantidactylus grandidieri*）正在马达加斯加的瀑布边休息。青蛙大部分时间都远离人们的视线，但它们也会出现在温暖潮湿的地方晒太阳。

我曾在两位向导的陪同下，探索秘鲁马努国家公园的云雾森林。我们逆流而上，因为没有真正的路可走，不得不好几次跨过小溪才找到合适的线路。这是一块未被开发的区域，而我们很幸运地看到了不寻常的动物，包括罕见的绿咬鹃和眼镜熊。但我想找的却是别的东西——青蛙，特别是玻璃蛙。下午的晚些时候下起了大雨，于是我们决定步行回小屋。

与此同时，大雨把小溪变成了汹涌的激流。我们到溪边时发现已经过不去了，因为水流将人和设备冲走的风险太高了，所以我们决定等一等，但水一直在涨。天气渐渐变得很冷，我们开始做运动来保暖。一想到要在低温中度过整个晚上，就让人感到恐惧。但其中一位向导很勇敢，冒着生命危险试图穿过激流。他跳进水里，游到了对面，途中差一点儿就撞上了一块岩石！然后他回到小屋，拿了一根长绳子。当他回来的时候，在对岸把绳子的一端扔给了我们，于是剩下的人把背包顶在头顶上，拽着绳子安全地渡过了'小'溪。

◁ 两只特鲁布玻璃蛙（*Nymphargus truebae*）在秘鲁马努国家公园寒冷的高海拔森林中享受雨水的滋润。

◁ 有些树蛙在远离茂密丛林的地方生活。这只树蛙栖息在树干上。摄于委内瑞拉被称为洛斯亚诺斯的干燥林地和草原地区。

▷ 较小的青蛙，比如在哥斯达黎加看到的草莓箭毒蛙（*Oophaga pumilio*），能够生活在大片树叶的平整表面上。

▽ 加里曼丹岛上的一种飞蛙——丑角树蛙（*Rhacophorus pardalis*）趴在植物的细枝上。当它需要在树木之间移动时，不需要跳到地面上，而是通过滑翔的方式穿越丛林，并且能滑翔很远的距离。

◁ 与其他箭毒蛙一样，具有红色条纹的莱曼毒蛙（*Oophaga lehmanni*）与某些植物（如凤梨）有着密切的联系。它们能充分利用树叶底部收集的宝贵水源。

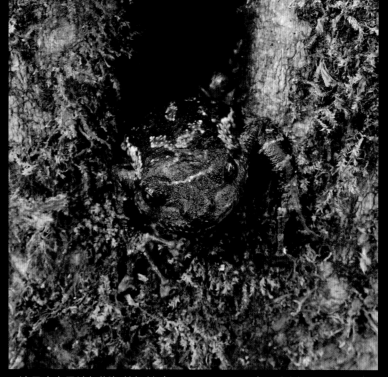

△ 欧洲普通蟾蜍（*Bufo bufo*）能长时间远离水源。

△ 这只来自马达加斯加的姬蛙（*Cophyla grandis*）正在树洞里保湿。

△ 欧洲普通青蛙（*Rana temporaria*）是分布最广泛的青蛙物种之一。它生活在欧洲各地，

树蛙

顾名思义，这类青蛙会在树上度过它们的一生。它们是青蛙中最灵活的，特征是具有长腿和能抓住树皮、树叶的脚趾垫。但是，从生物学家的角度来看，树蛙并不是一个简单的类群。树蛙主要有三个科，但其他科的物种也有一些在树上过着类似的生活。在真正的树蛙类群中，最大的家族是雨蛙科。这可能是已知最大的青蛙家族，目前已确认的有近800种。雨蛙科家族的大多数成员生活在美洲和澳大利亚，但也有少数出现在欧洲和亚洲的温暖地区。非洲的树蛙属于非洲树蛙科，它们也被称为芦苇蛙，因为它们经常在河边的这些植物中被发现。最后一个科是树蛙科，它的成员也分布在非洲，但在南亚最常见，其中包括所谓的会飞的蛙，它们能伸展蹼足在空中滑翔。

◁ 地图树蛙（*Boana geographica*）。
摄于秘鲁。

△ 这只年轻的亚马孙牛奶蛙（*Trachycephalus resinifictrix*）身上的白色斑纹让我们很容易看出这个物种名字的由来。

△ 来自澳大利亚的白唇树蛙（*Litoria infrafrenata*）因其颌上特有的条纹而得名。

△ 南美洲叶泡蛙属（*Phyllomedusa*）的叶蛙也被称为行走树蛙或猴蛙，因为它们行动非常敏捷。

▷ 无条纹树蛙（*Hyla meridionalis*）是一种来自南欧的稀有物种。它比普通树蛙（*Hyla arborea*）稍大一些，正如它的名字所暗示的那样，它的身体两侧没有明显的白色条纹。

▽ 欧洲树蛙（*Hyla arborea*）是生活在欧洲的两种树蛙中最常见的一种。它生活在比无条纹树蛙更靠北的地方。它的分布范围从低地国家一直延伸到乌克兰。

▽ 怀特树蛙（*Ranoidea caerulea*）生活在澳大利亚和新几内亚，它也被称为矮胖树蛙。这只树蛙生活在澳大利亚的卡卡杜国家公园。

壮美树蛙（*Ranoidea splendida*）是来自澳大利亚的大型蛙类，直到1977年才被发现。在此之前，该物种被认为是更常见的怀特树蛙的变种。

△ 变异的小丑树蛙（*Dendropsophus triangulum*）。摄于秘鲁。

◁ 雨蛙家族的大多数成员都有朴素的绿色和棕色
图案。然而，小丑树蛙展示了一系列明亮的图
案。这种来自秘鲁的雨蛙（*Dendropsophus
leucophyllatus*）有着与长颈鹿相似的体表图案。

△ 红条纹树蛙（*Dendropsophus rhodopeplus*）。摄于秘鲁。

◁ 华丽叶蛙（*Cruziohyla calcarifer*）。摄于哥斯达黎加。

漏树蛙（*Dendropsophus ebraccatus*）表现出一系列图案。这只身上有
色和棕色的斑纹。

△ 沙漏树蛙得名于它背上弯曲的弧状斑纹。摄于哥斯达黎加。

河区雨蛙（*Boana rufitela*）。摄于哥斯达黎加。

种来自哥伦比亚的树蛙叫面具雨蛙（*Smilisca*
ta），它们大部分时间都在浅水河流和沼泽中度过。

△ 来自哥伦比亚和厄瓜多尔的罗森博格树蛙（*Boana rosenbergi*）到地面
上寻找配偶和产卵。

2007年，一种新的树蛙在哥伦比亚被发现，它被命名为虎纹雨蛙（*Hyloscirtus tigrinus*），在海拔3000米的普图马约地区只记录到两个例子。那年9月，我和一位生物学家朋友决定去看看。最后结果是我们一起庆祝了我41岁的生日。我本想用另一种方式庆祝，但那位哥伦比亚的生物学家只能安排在那一天去野外，而他是唯一知道确切地点的人——能在森林里的一条小溪中找到这种新树蛙。不幸的是，9月不是这种树蛙的繁殖季节，如果能找到，那真是非常幸运的事。尽管如此，我们还是想碰碰运气。那里夜间的气温非常低，很难相信这么大的青蛙能在这样的环境中生存。我也有其他的担心：我们离叛军控制的危险地区并不远。

我们在小溪边密不透风的植被中搜寻了几个小时，一无所获，这让我放弃了希望。我们根本听不到青蛙的叫声，所以决定回家。我当时琢磨：'我为什么要这样对待自己？难道不应该放松一下，好好享受一下自己的生日吗？'当那位生物学家向我走来时，我几乎就要走出森林了。他给了我一个大大的拥抱，说：'生日快乐！托马斯。'他手中抓着那个稀有物种中的一员。它真漂亮！那是我收到过的最好的生日礼物。

◁这一物种的学名"*Hyloscirtus tigrinus*"直到2008年才被确认。

◁ 丑角树蛙（*Rhacophorus pardalis*）是树蛙科的一种飞蛙。"飞"的技能源自它的蹼足，当蹼足展开时形成一个用于滑翔的平面。摄于加里曼丹岛。

▽ 马达加斯加的白腹芦苇蛙（*Heterixalus alboguttatus*）属于非洲树蛙科，该科是树蛙类中的一个小群体，包含200余种非洲的蛙类。

玻璃蛙

乍一看，玻璃蛙科的成员可能不太起眼，它们大多来自南美洲和中美洲的云雾森林。以空中俯视的角度，它们通常看起来又小又绿。然而，覆盖在它们腹部和四肢上的皮肤大部分是无色的，而且有些地方的皮肤很薄，以致可以看到贯穿全身的血管，甚至能看到内脏在其体内工作。也正是这种不寻常的透明度使玻璃蛙看起来不那么起眼——背景的颜色透过玻璃蛙小小的身体显示出来，帮助它们在树叶中隐藏自身。

▷ 在这张弗莱希曼玻璃蛙（*Hyalinobatrachium fleischmanni*）的照片中，身体内细细的红色血管清晰可见。身体左下方皱曲的白色区域是肠道，在胸部可以看到心脏。

△ 一种生活在南美洲北太平洋海岸附近的潮湿森林中的玻璃蛙（*Espadarana callistomma*）。

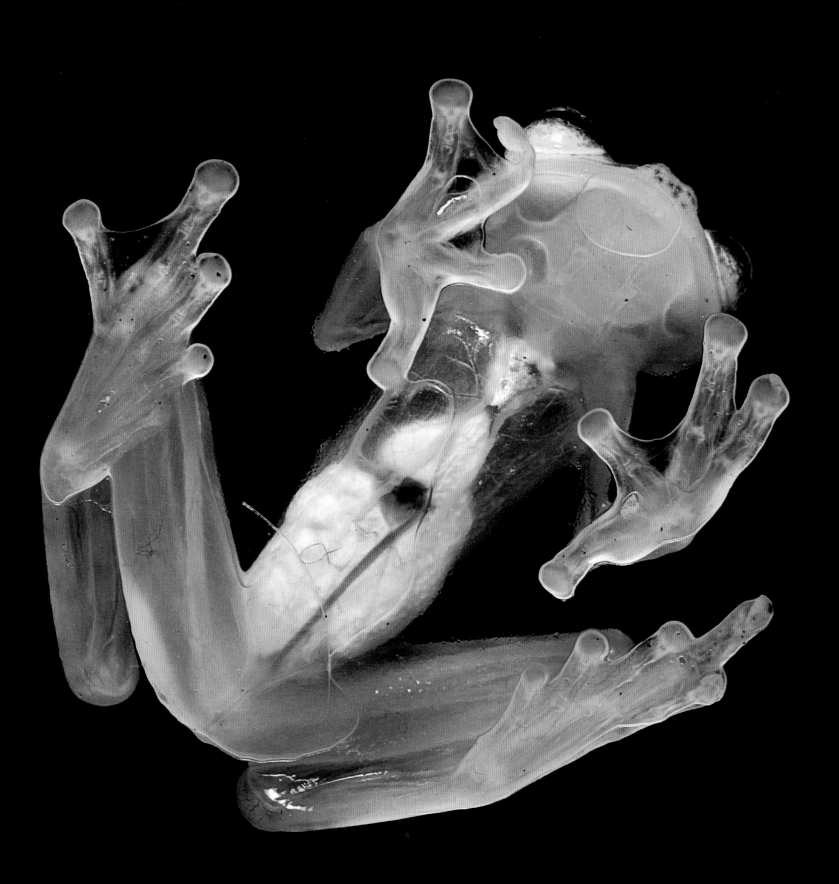

◁ 特鲁布玻璃蛙（*Nymphargus truebae*）是秘鲁特有的一种玻璃蛙。

▷ 弗莱希曼玻璃蛙（*Hyalinobatrachium fleischmanni*）等很多玻璃蛙背部都有小斑点。

△ 很难分辨这只特鲁布玻璃蛙（*Nymphargus truebae*）哪部分是自身的绿色，哪部分

不干净的水。尽管身体感觉很糟糕，但我知道必须抓住这个好机会。我和向导沿着一条小溪走着，寻找着玻璃蛙。我边走边仔细观察叶子的背面，竟发现了一个非常罕见的情景：一只美丽的雌性玻璃蛙正在润湿附着在叶子上的一团卵。卵里的蝌蚪已经发育成熟，差不多到了孵化的时机。我还在附近发现了两只美丽的同类雄蛙（弗莱希曼玻璃蛙），并拍了很多照片。

在对着相机编辑这些照片很长一段时间后，我终于有机会睡觉了。我做了平生最奇怪的一个梦——梦见自己要结婚了。我感到非常高兴，同时又非常悲伤，为什么呢？因为梦里有很多人，但却没有新娘！在梦的最后，我终于看到了面纱后面的我未来的妻子——一只巨大的玻璃蛙！我被这只青蛙的美丽所折服，这可能是我感到如此高兴的原因。但我也感到难过，因为我不再是单身了。"

▷ 弗莱希曼玻璃蛙（*Hyalinobatrachium fleischmanni*）

箭毒蛙（又译作毒镖蛙、毒箭蛙）科包括一些颜色最鲜艳、最吸引人的蛙种。这一家族之所以被称为箭毒蛙，是因为其大多数成员的皮肤中含有强效的毒素。当地森林居民通常把箭毒蛙的毒液涂在狩猎用的箭和吹箭上。仅仅是触摸这些青蛙就足以使毒素侵害人类的皮肤并引发疼痛难忍的皮疹。但只有少数剧毒的箭毒蛙物种对人类是危险的，而且只有当毒素通过破损的皮肤进入血液时，才会对人类构成威胁。

然而，并不是所有的家族成员都会产生毒素。无毒的种类往往有绿色和棕色的体色，这有助于它们融入森林背景。而毒蛙的颜色则更加鲜艳。

与其他蛙类不同的是，箭毒蛙是在白天活动的，鲜艳的体色使它们在白天很显眼。这些颜色是对捕食者的警告——这可是能致命的食物。此外，雄蛙还会利用明亮的色彩来吸引雌蛙。

那些令人熟悉的箭毒蛙的照片往往让人很难想象这些小生物的尺寸。大多数箭毒蛙的体长都不到 3 厘米，可以趴在你的指尖上，但记得要戴手套！

◁ 网纹箭毒蛙（*Ranitomeya reticulata*）生活在秘鲁伊基托斯地区的热带雨林中，该地区位于亚马孙盆地的西端。

△ 莱曼毒蛙（*Oophaga lehmanni*），摄于哥伦比亚

◁ 斑腿毒蛙（*Arneerega picta*）是
玻利维亚的特有物种。箭毒蛙不是
靠自身生产毒素，而是从作为食物
的蚂蚁和其他昆虫的身体中获取有
毒的生物碱。

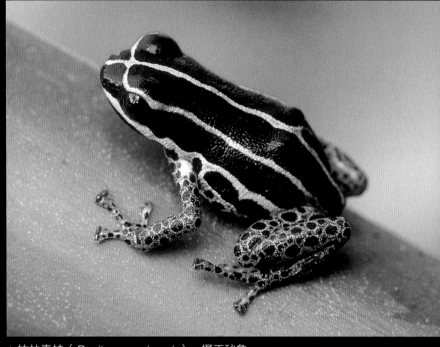

△ 竹林毒蛙（*Ranitomeya sirensis*）。摄于秘鲁。

△ 颗粒箭毒蛙（*Oophaga granulifera*）生活在哥斯达黎加和巴拿马的低
地森林中。

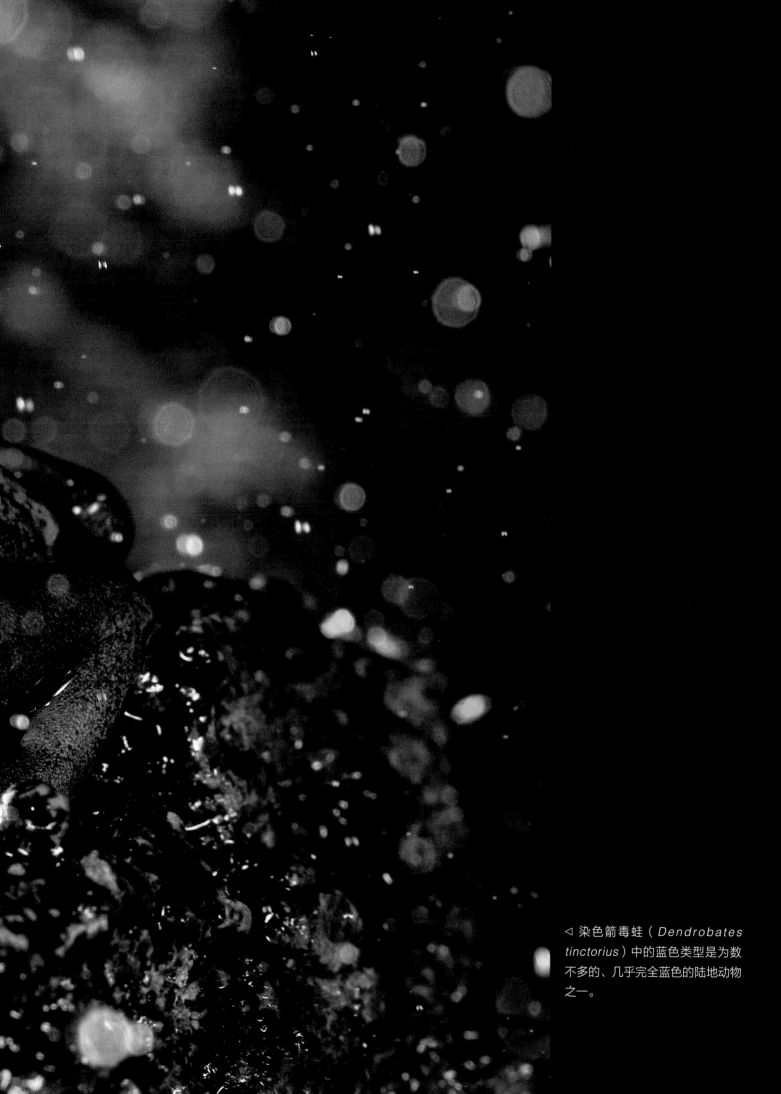

◁ 染色箭毒蛙（*Dendrobates tinctorius*）中的蓝色类型是为数不多的、几乎完全蓝色的陆地动物之一。

△ 大理石纹箭毒蛙（*Epipedobates boulengeri*）。摄于哥伦比亚。

△ 科科埃箭毒蛙（*Phyllobates aurotaenia*）。摄于哥伦比亚。

△ 染色箭毒蛙（*Dendrobates tinctorius*）。摄于法属圭亚那。

△ 黄条纹箭毒蛙（*Dendrobates truncatus*）。摄于哥伦比亚。

△ 三条纹毒蛙（*Ameerega trivittata*）。摄于秘鲁。

△ 条纹箭毒蛙（*Phyllobates lugubris*）。摄于哥斯达黎加。

有时我会试着去寻找毒性比箭毒蛙更大的动物。哥斯达黎加布劳里奥卡里约国家公园的一名巡护员告诉我，在哪里可以找到一种名为'terciopelo'的危险毒蛇（它的学名为粗鳞矛头蝮）。当地人非常害怕这种蛇，但我听说它时非常兴奋，因为我从来没有拍到过这种蛇。巡护员让我沿着小路到一棵巨大的无花果树附近找找，他说那条蛇已经在那里两天了。当我终于到达那个地方时，却什么也没发现。但我的失望没有持续太久，我发现了一种安乐蜥（Anolis）。这是些绿色的蜥蜴，但当它们展开喉咙上的彩色皮肤时，它们看起来非常漂亮，但我知道这通常只会发生在它们吸引雌性或威胁其他雄性竞争对手的时候。我给这只色彩斑斓的蜥蜴拍了很多照片，但在附近并没有看到其他蜥蜴。当我所有的感官都集中在拍摄时，一个东西突然跳到了我的头上。我立刻把它从头上拍开，我真的很害怕——如果那是当地人说的那种毒蛇怎么办？但我很快意识到，那只是另一只我没有注意到的安乐蜥。也难怪，它一直就在我身后的树上，这正是对面的蜥蜴摆出漂亮姿势的原因。我从未遇到那种毒蛇，也许这是一种幸运。

▽绿黑箭毒蛙（Dendrobates auratus）是分布较广的物种之一。它生活在中美洲和南美洲北部。

△ 一只有着黄色、橙色和黑色的丑角箭毒蛙。

▷ 这只丑角箭毒蛙（*Oophaga histrionica*）趴在凤梨科植物底部形成的小水池里。像这样的小水池常被当作培育蛙卵和蝌蚪的托儿所。

▷ 杜尔塞湾箭毒蛙（*Phyllobates vittatus*）生活在哥斯达黎加西南部的杜尔塞海湾地区。生活在湾区森林里的人们只使用这种叶毒蛙属（*Phyllobates*）的成员来提取毒素，制作飞镖和箭头上的毒药，这也是这一类青蛙俗名的由来。最强效的毒素是在金色箭毒蛙（见右下图）的皮肤中发现的。首先，将箭毒蛙穿在一根棍子上，随后放在火上加热。高温会使蛙排出毒液，在皮肤表面形成蜡状泡沫。然后将这些泡沫小心翼翼地涂抹在箭头上。这些有毒的武器会使伤者瘫痪，是猎捕树上猴子的工具。

△ 黄条带箭毒蛙（*Dendrobates leucomelas*）。摄于委内瑞拉的洛斯亚诺斯地区。

△ 安第斯箭毒蛙（*Andinobates opisthomelas*）。摄于哥伦比亚。

△ 金色箭毒蛙（*Phyllobates terribilis*）。摄于哥伦比亚

物种变异：草莓箭毒蛙

这种小小的草莓箭毒蛙（*Oophaga pumilio*）生活在中美洲的森林和香蕉种植园里，但它在哥斯达黎加最常见。像许多类型的箭毒蛙一样，这种蛙有多种身体颜色类型。事实上，它至少有30种不同的颜色类型或变体。其中一些变体与特定的地理位置有关，尤其是岛屿上的种群。一些颜色的变化是由于雄性在保卫繁殖领地时，其喉部的色彩变化。无论它们的颜色如何，属于该物种的任何雄性和雌性都可以相互交配。

然而生物学家发现，变体的雌性更喜欢与相同变体的雄性交配。他们还发现，一些变体的求偶声音和求爱方式会与其他类型略有不同。也许我们看到的正是一个青蛙物种逐渐分裂为几个物种的"演化进行时"。

△ 生活在巴拿马的巴斯蒂门多斯岛上的箭毒蛙，背部和腿上都有很大的黑点。

△ 巴斯蒂门多斯岛上的箭毒蛙颜色变体被称为"巴斯蒂斯"，它们普遍拥有红色、黄色或白色的背部。

△ 巴斯蒂门多斯岛上的是一种变体

△ 同样在巴拿马，但科隆岛上的箭毒蛙拥有绿色的皮肤

◁ 许多变体的体表有亮红色的部分，这是该物种俗名的来源。

▽ 红色和蓝色的箭毒蛙变体被称为"蓝色牛仔裤"类型，这是最常见的形式，它们也是青蛙爱好者非常喜爱的宠物。

和其他箭毒蛙一样，草莓箭毒蛙是一种微小的生物。图中这只蛙从它的鼻尖到肛门（后开口）的距离不超过2厘米，小到足以舒适地坐在这个脆弱的伞菌中。

曼特蛙

　　这个小类群大约有16种蛙类，只生活在马达加斯加。它们是非洲的箭毒蛙。像它们的美洲表亲一样，这些小青蛙在白天很活跃，身上鲜艳的颜色是为了警告捕食者它们的皮肤中含有毒素。尽管有这些相似之处，这两类蛙现在仍被认为只是远亲。它们提供了趋同演化的一个例证：不相关的物种在世界上遥远的地方发展出了相似的生活方式和身体特征。直到最近，曼特蛙和它们的亲戚还被认为是树蛙科家族的成员。如今，曼特蛙归属于它们自己的家族，被称为曼特蛙科。体形娇小、色彩亮丽的曼特蛙大多生活在地面上或靠近地面的地方，但曼特蛙科的其他成员则过着更为传统的树蛙式生活。

▷ 攀爬曼特蛙（*Mantella laevigata*）因其在树枝上生存的能力而得名，这在曼特蛙中很不寻常。尽管有这样的名字，这个物种其实也生活在地面上。图中这只蛙生活在马达加斯加许多不同寻常的栖息地之一——离海岸线不远的、沙质土壤的森林中。

△ 涂色曼特蛙（*Mantella madagascariensis*）生活在马达加斯加的低地森林中。

▷ 曼特蛙科中的亮眼蛙属（*Boophis*）的成员拥有更传统的树蛙生活方式，类似于其他树蛙科的物种。

△ 绿曼特蛙（*Mantella viridis*）生活在马达加斯加的干燥森林中。

▽ 金色曼特蛙（*Mantella aurantiaca*）是曼特蛙科的一个微小成员。它不到2.5厘米长，生活在潮湿森林的地面上。

△ 波墨亮眼蛙（*Boophis boehmei*）生活在潮湿森林中。

△ 波特亮眼蛙（*Boophis bottae*）更喜欢马达加斯加潮湿的森林和森林边缘。

△ 艾兰亮眼蛙（*Boophis elenae*）是马达加斯加少数生活在花园等人工栖息地的物种之一。

△ 塔拉菲迪马达加斯加蛙（*Guibemantis pulcher*）是曼特蛙科的另一个属的成员。它们生活在森林和沼泽里。

△ 德默里亮眼蛙（*Boophis tephraeomystax*）生活在森林、沼泽和农田中。

△ 绿亮眼蛙（*Boophis viridis*）只生活在低地森林中。

这种青蛙不到3厘米长，小到可以
栖息在蕨类植物的螺旋卷须上。

◁ 绿亮眼蛙（*Boophis viridis*）有
时被称为安达西贝树蛙，因为它是
在马达加斯加的安达西贝-曼塔迪亚
国家公园潮湿的山林中被发现的。
这种青蛙不到3厘米长，小到可以
栖息在蕨类植物的螺旋卷须上。

△ 欧洲普通青蛙（*Rana temporaria*）。

◁ 一对泽蛙（*Pelophylax ridibunda*）在池塘里交配。泽蛙是食用蛙（*Pelophylax* kl.*esculentus*）的亲代之一，这个杂交物种的另一个亲代是池蛙（*Pelophylax lessonae*）。这个混血儿既能与自己物种的成员交配，也能与两个亲代的物种交配。

▷ 马来西亚的长鼻角蟾（*Megophrys nasuta*）属于角蟾科，也被称为"落叶蛙"。

▽ 有700多种蛙类属于姬蛙科，或称狭口蛙。顾名思义，这些蛙类的嘴巴比其他蛙类要小。它们中的大多数生活在地面或地下，尖尖的鼻子使它们更容易挖掘土壤。

△ 蛙科湍蛙属（*Amolops*）的一员。这个属的青蛙被称为长腿蛙。摄于马来西亚。

△ 秘鲁马努国家公园里的一只狭口蛙，具有典型的尖尖的吻部。

△ 马达加斯加的红雨蛙（*Scaphiophryne gottlebei*）在雨后从地下爬出来。

▷ 马达加斯加有三种番茄蛙，显然是以它们鲜红的颜色命名的。这里展示的是其中一种番茄蛙（*Dyscophus antongilii*）。番茄蛙属于狭口蛙家族，即姬蛙科。这种蛙可以长到10厘米长，比大多数狭口蛙都要大。

▷ 阿根廷角蛙（*Ceratophrys ornata*）是角蛙科最常见的成员，在阿根廷、乌拉圭和巴西的大部分地区均有分布。尽管这种蛙能长到14厘米长，但由于它藏在落叶中，所以通常很难被发现。

△ 苏里南角蛙（*Ceratophrys cornuta*）局限于中美洲、南美洲、加勒比海和美国佛罗里达州等区域。雌性苏里南角蛙可以长到20厘米，而雄性只能长到这个长度的2/3左右。

蟾蜍

蟾蜍和青蛙有什么不同？这是一个经常被问到的问题，但很少有完整的答案。真正的蟾蜍属于蟾蜍科。许多我们所熟悉的蟾蜍，如美洲蟾蜍和欧洲普通蟾蜍，都属于这个科的一个亚类群，即蟾蜍属（*Bufo*）。任何名字中有"Bufo"的动物都确定无疑是蟾蜍。

但不幸的是，答案并非如此简单。有些物种被称为"某某蟾"，但却不属于蟾蜍科。其中就包括锄足蟾（锄足蟾科）。更让人困惑的是，就连蟾蜍科的一些成员也被称为"某某蛙"。

所以我们必须使用一个更为普适性的定义。蟾蜍往往会花更多的时间离开水，而且蹦的距离很短；不过如果需要的话，它们也可以跳得更远。蛙类偏水生，与它们的尖脸相比，蟾蜍的吻部又宽又圆。与青蛙光滑的皮肤形成鲜明对比的是，蟾蜍的皮肤往往会长疣粒。但一如既往，这些规则也有许多例外。

◁蟾蜍属有16个种。这种南美普通蟾蜍（*Bufo margaritifer*）（也有学者将它修订为*Rhinella margaritifera*）生活在南美洲北部低地热带森林的地面上。

△ 海蟾蜍原产于南美洲和中美洲，后被引入了澳大利亚，在那里它被称为甘蔗蟾蜍，是一种有害生物。这个物种先后被命名为*Bufo marinus*、*Chaunus marinus*，以及最近的*Rhinella marina*。

△ 佩巴斯斑蟾（*Atelopus spumarius*）。摄于法属圭亚那。

△ 优雅斑蟾（*Atelopus elegans*）。摄于哥伦比亚。

分类

△ 卡宴斑蟾（*Atelopus flavescens*）。摄于法属圭亚那。

△ 巴拿马金蛙（*Atelopus zeteki*）。摄于巴拿马。

△ 孔多托斑蟾（*Atelopus spurrelli*）。摄于哥伦比亚。

△ 孔多托斑蟾生活在哥伦比亚的低地中。

◁ 斑蟾（*Atelopus*）是蟾蜍科的一个属，它的成员被称为"丑角蟾"，有时也称"丑角蛙"。斑蟾看起来一点儿也不像其体形庞大、身上长满疣粒的表亲，它们是些体形小且颜色鲜艳的物种。斑蟾的分布从哥斯达黎加延伸到玻利维亚和法属圭亚那。它们大多生活在高海拔的森林里，少数种类的皮肤有毒。

◁ 黄条背蟾蜍（*Epidalea calamita*）是一种小型的欧洲蟾蜍。它的背部有一条黄线，可以把它和普通的蟾蜍区别开来。

△ 锐鼻蟾蜍（*Rhinella dapsilis*）生活在落叶之中。

◁ 欧洲普通蟾蜍（*Bufo bufo*）虽然有这样的名字，但它们却生活在三个大洲。它们的活动范围向西延伸到整个欧洲，向东一直延伸到西伯利亚西部，同时该物种还生活在北非的山区。这种蟾蜍的雌性可以长到18厘米，是该地区迄今为止最大的蟾蜍物种。

▷ 黄腹铃蟾（*Bombina variegata*）生活在欧洲的中部和南部（西班牙除外）。与该地区的其他蟾蜍相比，它个头很小，只能长到3.5~5厘米长。它属于铃蟾科。

△ 产婆蟾（*Alytes obstetricans*）属于一个单独的家族——产婆蟾科。尽管它的名字叫"产婆"，但在卵孵化之前，是由雄蛙一直携带着。这个物种生活在欧洲大陆和非洲西北部。

水螈螈与蝾螈

大约 1/10 的两栖动物可以被归入有尾目，这个名字的意思是"有尾巴的"。有尾目的多数成员属于水螈螈或蝾螈。水螈螈和蝾螈的区别就像青蛙和蟾蜍一样不好弄清楚。一般来说，水螈螈生活在水中或水域附近，而蝾螈则分布在更深入陆地的地方。在所有两栖动物中，蝾螈可能是与水的联系最不紧密的一类，其中有些种类已经演化出完全陆生的生活史。然而，应该指出的是，尽管体形相似，但蝾螈并不是蜥蜴和其他爬行动物的祖先。

有尾目还包括其他几种不同寻常且名字奇怪的生物，其中许多是完全水生的生物。例如，洞螈是一种眼部退化的蝾螈，生活在没有光线、被水淹没的洞穴中。泥螈（又叫泥狗）得名于它们被触摸时发出的叫声。中国大鲵是现存最大的两栖动物，它也属于有尾目，是一种罕见的、能长到2米长的大型两栖动物。

◁ 一只雄性高山水螈螈（*Ichthyosaura alpestris*）。这个物种生活在欧洲北部和东部的溪流和湖泊中，还有一些在更南部的高地地区。而且它们会冬眠。

△ 一只雄性大冠水螈螈（*Triturus cristatus*）。这个分布广泛的物种生活在欧洲

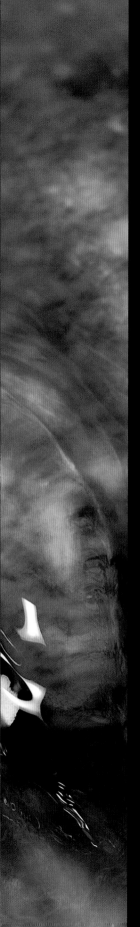

◁火蝾螈（*Salamandra salamandra*）生活在欧洲的中部和南部。学名中的"salamander"这个词在希腊语中的意思是"火蜥蜴"，它来自一种与火有关的神话生物，这种生物可能是古人受火蝾螈启发而想象出来的。

△ 大多数火蝾螈是黄色和黑色的，但这只火蝾螈的幼体属于一种罕见的橙色变种。火蝾螈身上的彩色斑纹通常呈斑点或条带状。

△ 掌状水蝾螈（*Lissotriton helveticus*）是生活在英国的三种有尾类动物之一。该物种还生活在欧洲西部，从西班牙北部到丹麦的区域中。

身体形态

蛙的特征

尽管青蛙种类繁多且体形和生存策略多样，但它们的身体结构非常相似。

蛙的基本身体结构包括一个大而宽的头、一根短的脊柱和四条腿。众所周知，青蛙的后腿比前腿长很多，它们是推动青蛙在各种陆地环境中移动的发动机，也可以作为游泳时的桨。后腿被固定在同样强健的腰带骨骼（盆骨）上。在青蛙纤细的身体上，腰带骨骼的骨头经常能从外部看到，显示为背部下方的一个隆起。

随着青蛙进入成体阶段，它们从水生动物变成了陆生动物，失去了桨状的尾巴——可能是跳跃型动物的一个潜在障碍。

第一批陆地脊椎动物伟大的成就之一就是演化出了灵活的脖子。这是对鱼类光滑、流线型身体的一次改变，使首批两栖动物能够左右转动头部。蝾螈保留了这一特征。然而，青蛙牺牲了灵活的脖子来换取一个结实的、可以支撑大脑袋的颈部。青蛙演化成专门吃昆虫的动物，它们的大

△ 青蛙比大多数动物更依赖它们的眼睛。眼睛甚至有助于吞咽。

▷ 一只狐猴叶蛙（Agalychnis lemur）展示着它的大眼睛和长腿，这些都使它的身体结构变得如此完美。

脑袋使嘴巴可以长得很宽：这是捕捉猎物的完美工具。

视觉是青蛙的主要感觉。绝大多数蛙类依靠视觉来寻找食物。像其他大多数猎手一样，青蛙的眼睛位于头的前部，这使它们在寻找猎物时能将视力集中在身体前面的区域。然而，不能转头意味着需要移动整个身体才能直视物体，而且无法及时发现危险的接近。但青蛙不必如此，它们可以依靠眼球的定向和大尺寸来获得广阔的视野——眼球

以一个角度微微向外，而不是直视前方。虽然这种定向降低了青蛙看清细节的能力，但能让它们同时看到周围环境中的很多东西。蛙的眼睛对运动物体特别敏感，它们很难看到一动不动的猎物。

大多数青蛙都是夜行性的，它们需要大眼睛来收集足够的光线，这样才能在黑暗中看清东西。它们宽大的头部骨骼足够

强壮，可以支撑巨大的眼睛；头骨两侧大部分都被一个孔，或者说是眼眶占据，眼睛就位于那里，并与大脑相连。

有些物种的视网膜后面有一层"镜像层"，也称为脉络膜层。它可以将第一次错过的光线反射到视网膜上。当黑夜中的青蛙被手电筒照到时，正是这种反射光使它们的眼睛发出亮光。

◁ 青蛙的眼睛通过晶状体聚焦，就像哺乳动物的眼睛一样。然而，与人眼不同的是，青蛙眼内坚硬的晶状体可以前后移动，而不是通过改变形状来聚焦光线。

▷ 大多数青蛙是在夜间活动的，比如这只行走树蛙（*Phyllomedusa vaillantii*）。因此，它们的视网膜中几乎没有对颜色敏感的视锥细胞。相反，它们更依赖于视杆细胞，而视杆细胞在弱光下更加敏感。青蛙视网膜中的视杆细胞对中等波长（绿色和黄色）的光最敏感。一般来说，青蛙是看不见红光的。

▷ 生活在地面上的蛙类的瞳孔往往是圆形的，如牛蛙或蟾蜍。就像人类的眼睛一样，虹膜会收缩和扩张以调节进入敏感的眼睛内部的光线，这只番茄蛙（*Dyscophus antongilii*）的眼睛也是这样的。

◁ 树蛙拥有菱形的虹膜。这种形状的虹膜最适合在光线较暗的情况下使用，因为它在黑暗中可以打开得非常大，要比圆形虹膜更宽，在明亮的环境中，它会闭合成一条狭缝。红眼叶蛙（*Agalychnis callidryas*）的瞳孔是垂直的，这使得它的眼睛对水平运动（比如昆虫沿树枝行走）最为敏感。

▽ 这只来自委内瑞拉洛斯亚诺斯大草原的树蛙的瞳孔是水平的。这使得它的眼睛对垂直运动（比如昆虫往树干上方攀爬）很敏感。

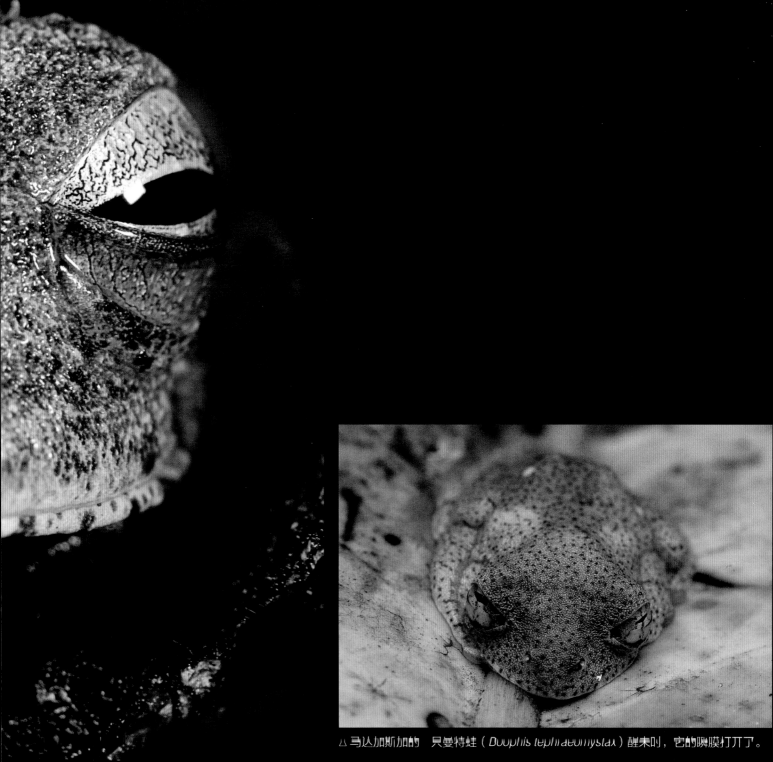

△ 马达加斯加的一只曼特蛙（*Boophis tephraeomystax*）醒来时，它的瞬膜打开了。

大多数青蛙的头顶上都长着大而凸起的眼睛，就像这只美洲牛蛙（*Lithobates catesbeianus*）一样。当青蛙的身体藏在水里时，它的眼睛会露出水面，以便寻找猎物。

△ 棕斑树蛙（*Ranoidea genimaculata*）。摄
于帕默斯顿国家公园，澳大利亚。

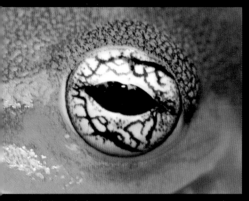

△ 玻璃蛙的一种（*Espadarana callistomma*）。

△ 玛瑙斯纤腿树蛙（*Osteocephalus taurinus*）。摄于哥伦比亚。

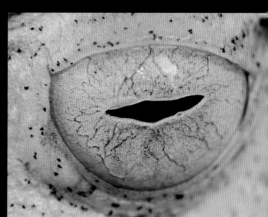

△ 黑斑岩蛙（*Staurois natator*）。摄于加里曼丹岛

△ 费莱希曼玻璃蛙（*Hyalinobatrachium fleischmanni*）。摄于哥伦比亚。

△ 卷耳树蛙（*Polypedates otilophus*）。摄于加里岛

△ 谷地树蛙（*Boana rubracyla*）。摄于哥伦比亚。

△ 草莓箭毒蛙（*Oophaga pumilio*）。

△ 委内瑞拉臭罗科伊国家公园中的一只树蛙。

△ 黄腹铃蟾（*Bombina variegata*）有心形的瞳孔。没有人确切知道这种形状的用途。其他动物也有类似的、钥匙孔形状的瞳孔，被用来聚焦快速移动的小猎物。有人认为，这种蟾蜍上唇的模糊条纹构成了一系列"标志线"，蟾蜍用这些线来精确定位从它眼前飞过的昆虫。

△ 一对黄条背蟾蜍（*Epidalea calamita*）。

绿宝石眼树蛙（*Boana crepitans*）生活在委内瑞拉的洛斯亚诺斯地区。这是一个干燥的地区，名字翻译过来就是"平原"。

耳朵

乍一看，青蛙似乎是没有耳朵的动物，但如果你仔细观察，其实很容易发现它们的耳朵。青蛙不像哺乳动物那样有耳郭或外耳，但耳朵的其他部分与我们人类的耳朵相似。在它们的眼睛后面，你通常可以看到一个圆形的扁平结构——鼓膜。空气中的声波振动拍打着这层薄薄的皮肤膜，使它抖动。鼓膜后面有一个小洞，里面有中耳。这一特征是陆地脊椎动物与其鱼类祖先之间的一个重要区别。中耳包含一根耳柱骨，耳柱骨会将鼓膜的振动传递给内耳。目前的观点是，耳柱骨是由鱼类的下颌骨衍生而来的。耳腔本身可能是从鱼的呼吸管（气门）演化而来的。内耳包含一块充满液体的骨头，在那里，物理振动被转化为可以被大脑解读的电信号。

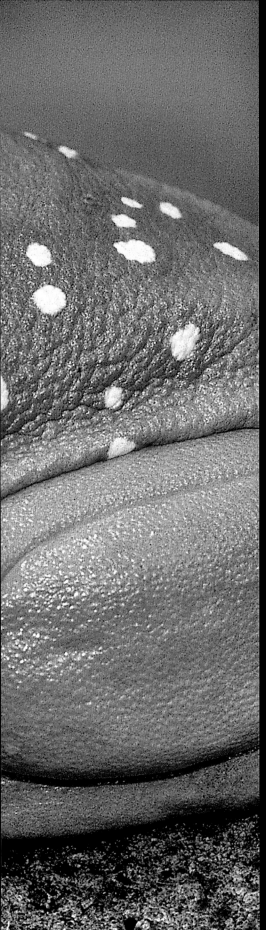

◁ 尽管属于不同的树蛙家族，但这只壮美树蛙（*Ranoidea splendida*）的鼓膜看起来与它右下图中的远房表亲非常相似。所有两栖动物的耳朵结构都是一样的。

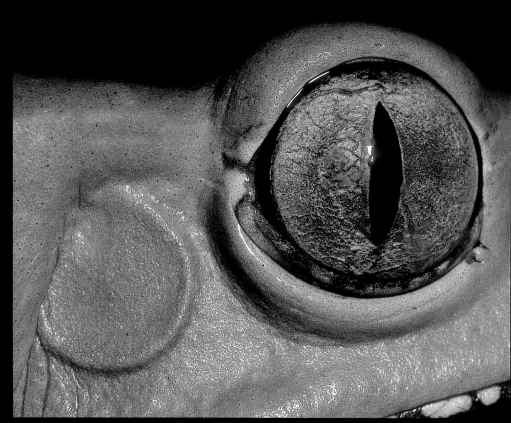

△ 这只双色叶蛙（*Phyllomedusa bicolor*）头上的鼓膜清晰可见，它属于行走树蛙。

▷ 哥伦比亚的祖鲁苦楚橡胶蛙（*Pristimantis w-nigrum*）的鼓膜隐藏在肩脊下面。有些物种，尤其是蟾蜍，它们的鼓膜完全不可见。

△ 来自马来西亚的一种长腿的瀑布蛙（*Amolops*）的鼓膜是彩色的，这使鼓膜成为该物种整体图案的一部分。

△ 青蛙耳朵的主要作用是倾听其他青蛙的叫声，比如澳大利亚的娇美绿树蛙（*Ranoidea gracilenta*）。这些叫声会告诉青蛙可能的配偶或竞争对手的位置。

鼻孔

青蛙的鼻子上有小小的鼻孔。它们的主要功能是呼吸，而不是嗅闻。但青蛙确实有很强的嗅觉。它们主要利用气味来寻找配偶，并向异性释放气味的方向前进。

青蛙的嗅觉敏感细胞大多位于口腔顶部，而不是在鼻腔。因此，当青蛙需要"嗅"空气时，它的嘴就会张开和闭上。青蛙用来完成这项任务的口腔结构被称为雅各布森器（又称"犁鼻器"）。

蛙类是从远古鱼类演化而来的，但这些鱼类与我们今天所熟悉的鱼类有很大的不同。这些古老的鱼类生活在较浅的静水中。它们在水中通过鳃呼吸，但必要时也会用原始的肺呼吸空气。从同一祖先演化而来的其他陆地脊椎动物（哺乳动物、鸟类和爬行动物）已经完全进化掉了鳃，现在只靠肺呼吸。然而，在青蛙生活史的早期阶段，它们仍然使用鳃，而成体青蛙能够通过薄薄的皮肤和鼻孔吸入氧气。

▷ 青蛙不仅可以通过皮肤呼吸，还可以用皮肤闻气味。祖鲁苦楚橡胶蛙（*Pristimantis w-nigrum*）的眼睛表面对空气中的化学物质的气味特别敏感。

△ 像怀特树蛙（*Ranoidea caerulea*）这样的青蛙虽然嘴巴很大，但它们却闭着嘴，用鼻孔呼吸。氧气通过肺部进入血液，但青蛙也可以通过潮湿的喉咙内壁吸收氧气。青蛙宽大喉部的内壁为它较小的肺增加了很大的容量。

腿与足

事实证明，青蛙的身体结构是非常成功的。从泥滩到树梢，蹦跳在哪里都是一种有效的移动方式。这种方式特别适合在水域和陆地之间来回移动时运用，而这些地方恰巧是青蛙的主要栖息地。因此，青蛙只需要稍微改变它们的身体结构，就可以适应不同栖息地的需求。

四肢会表现出一些变化的特征。一般来说，那些在陆地上待的时间更长的物种的后腿比典型的青蛙要短，比如蟾蜍。前、后腿长度相似的物种更适合在不平坦的地面上爬行。然而，这种能力是以牺牲一些跳跃能力为代价的。最好的跳跃者拥有很长的后腿，比如树蛙。它们的后腿会折叠成弹簧加载状，可以使自身向上、向前弹射，以便躲避捕食者，捕捉猎物，或是在树枝间跳跃。根据生活方式的不同，青蛙的手指也会有所不同。擅长攀爬的物种需要手指和脚趾能够很好地抓握，需要它们能缠绕在树枝上，而且往往要比水生青蛙的手指更灵活。水生青蛙的手指则会变得僵直，演化成游泳用的桨。

▷ 就像这只娇美绿树蛙（*Ranoidea gracilenta*）展示的那样，青蛙的后腿有四个关节。从髋部往下的第三部分由拉长的跗骨构成，而对人类来说，这些骨头都包含在脚踝中。第四部分，也就是最后一部分，包含手指或脚趾的骨头。

△ 这只行走树蛙（*Phyllomedusa vaillantii*）的后腿整齐地折叠成三段。青蛙可以通过迅速地同时伸直所有腿关节来向前跳跃。

在哥斯达黎加的卡维塔国家公园，一只红眼叶蛙（*Agalychnis callidryas*）用它的长腿和灵活的手指、脚趾沿着一根细细的树枝行走。

在树蛙的两个主要家族——雨蛙科和树蛙科中，大多数成员都有长而灵活的腿。然而，生活在亚洲的树蛙（树蛙科）的腰带骨骼表明，它们与真正的蛙（蛙科）关系更密切。这两种树蛙都各自演化出了长腿，以应对树上生活的挑战。

△ 娇美绿树蛙（*Ranoidea gracilenta*）是雨蛙科家族在澳大利亚的成员。

身体形态

△ 脊耳树蛙（*Polypedates otilophus*）的后腿。这种"搅打蛙"也被称为脊耳蛙，属于树蛙科，原产自加里曼丹岛。

许多种类的青蛙和蟾蜍的后脚都有蹼。在大多数情况下，蹼的存在将后脚变成了游泳用的桨。然而，蹼也用于滑翔（如飞蛙）和挖掘。挖掘功能最好的例子是锄足蟾科的锄足蟾。这些中等大小的蟾蜍遍布北半球土壤疏松的地区，比如北美大平原。它们的后脚有蹼，内侧脚趾上也有一个边缘锋利的"铲子"。为了躲避白天的炎热，锄足蟾利用这个"铲子"把自己埋起来。

△ 欧洲普通青蛙（*Rana temporaria*）的长脚趾间有大面积的、用于游泳的蹼。

△ 丑角树蛙（*Rhacophorus pardalis*）是在马来西亚、菲律宾和加里曼丹岛发现的一种飞蛙。它长有蹼的脚不是用来游泳，而是用来滑翔的。

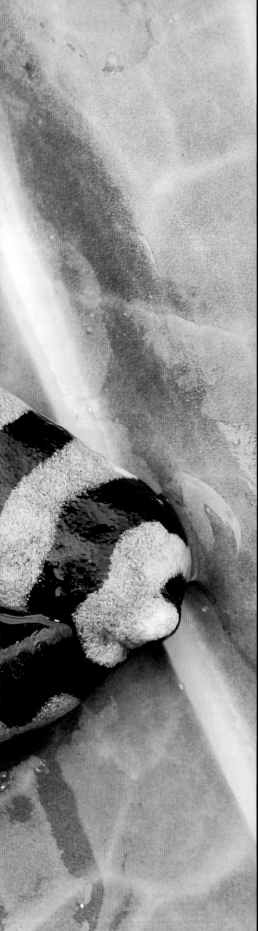

◁ 大多数青蛙有五个脚趾，每个脚趾都包含与人类相同或更多数量的骨头和关节，但是某些蛙类脚趾中的趾骨数量很难分辨。

△ 大多数青蛙有四根手指，图中的是琳达雨蛙（Hyloscirtus lindae）的前脚。三趾小蟾蜍是少数的例外，那是一个来自巴西的小家族。

△ 娇美绿树蛙（*Ranoidea gracilenta*）轻到可以附着在叶子上。

△ 在落叶上行走时，趾垫正好能派上用场。

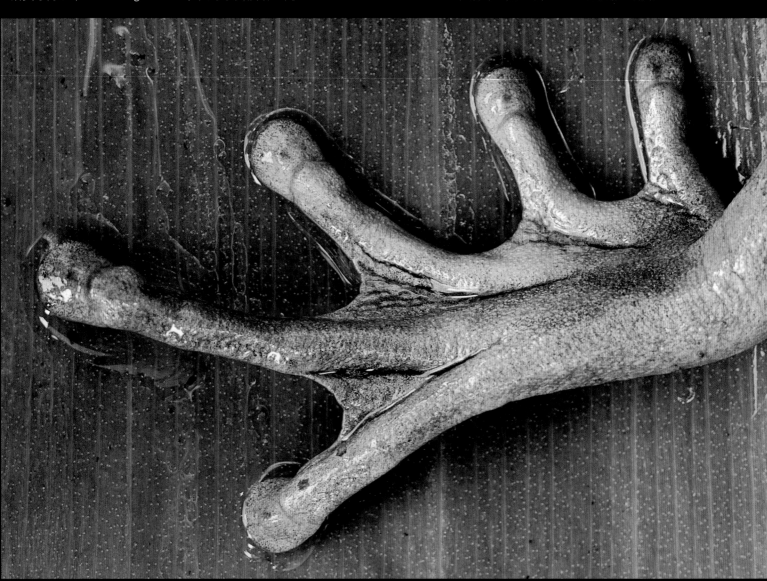

△ 围绕在脚趾底部的蹼增加了脚的表面积，使抓握变得更容易。

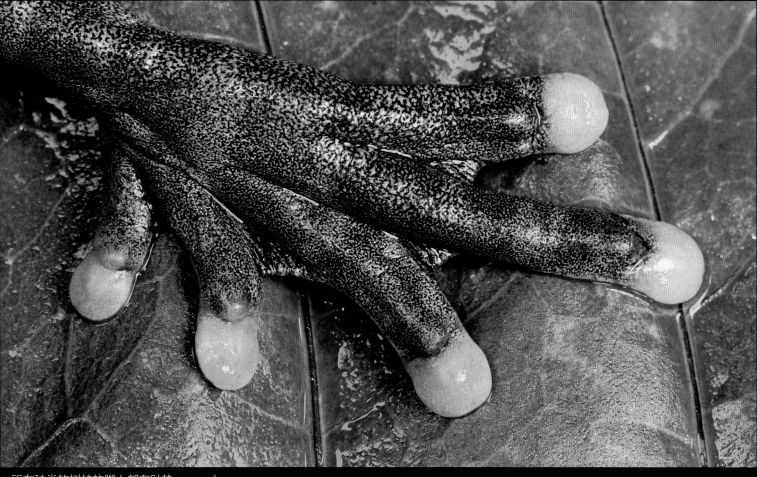

△ 所有种类的树蛙的脚上都有趾垫。

△ 一只小丑树蛙（*Dendropsophus triangulum*）。摄于秘鲁。

△ 黑斑岩蛙（*Staurois natator*）用它的趾垫附着在潮湿的岩石上。

　　树蛙的趾垫常被描述为吸盘。事实上，陆地动物很少利用吸力。取而代之的是，趾垫上会有细小的脊状突起，可以抓住光滑的表面，就像轮胎的胎面或一部分鞋子的鞋底那样。

▷ 生活在地面上的青蛙的手指上也有圆滚滚的末端，且这并不罕见。但是，大部分在地面上生活的青蛙的手指和脚趾都很细，包括这只马达加斯加的番茄蛙（*Dyscophus antongilii*）。

△ 这种来自秘鲁的雨蛙属于离趾蟾属（*Eleutherodactylus*）。属名的意思是"自由的脚趾"——它的成员没有脚蹼。

△ 和其他箭毒蛙科的成员一样，草莓箭毒蛙大部分时间都生活在地面上，所以它们的手指和脚趾都很细。

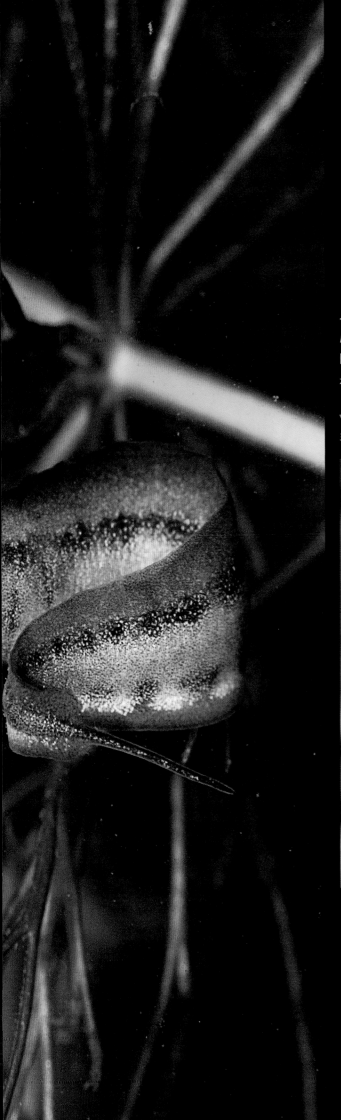

◁ 这种掌状水蝾螈（*Lissotriton helveticus*）的四条腿的长度相似，因为蝾螈在陆地上主要是行走，而不是跳跃。

▽ 和大多数青蛙一样，蝾螈有四根手指和五个脚趾。

皮肤

人类的皮肤经常被描述为我们的身体和环境之间的屏障。然而，对青蛙来说，皮肤是它与周围环境之间的交互界面：水和气体都可以通过皮肤。青蛙不需要喝水，它们可以通过"坐垫袋"吸收水分。所谓坐垫袋是指腹部的一层薄薄的皮肤。而且进去的东西也可以再出来。大多数青蛙在没有充足的水分的情况下无法生存，无论是潮湿的丛林空气中的湿气，还是溪流中的流水，没有水它们就会干枯而死。幸好青蛙皮肤中的腺体能产生黏液，为自身提供了一个防水的屏障，以减缓水分离开它们身体的速度。

△ 棕斑树蛙（*Ranoidea genimaculata*）是一种澳大利亚树蛙。与它的许多亲戚相比，它的皮肤更粗糙。

△ 草莓箭毒蛙（*Oophaga pumilio*）会在皮肤表面分泌有毒的黏液。

△ 作为斑蟾属（*Atelopus*）的一个成员，来自秘鲁的卡拉瓦亚斑蟾（*Atelopus erythropus*）却有着不同寻常的粗糙的

△ 地图树蛙（*Boana geographica*）得名于它鳞状皮肤上的斑块，据说这些斑块类似地图上的陆地图案。

△ 离趾蟾属（*Eleutherodactylus*）的物种有着非常惊人的皮肤纹理。该属曾被认为是脊椎动物家族中最大的属，
有700多种成员，但现在仅有204个种，比过去大为减少。目前离趾蟾属正在被分为几个较小的属。

△ 欧洲树蛙（*Hyla arborea*）拥有潮湿、光滑的皮肤。

△ 南美普通蟾蜍（*Rhinella margaritifera*）身上具有显著的棱脊。

身体形态

△ 颗粒箭毒蛙（*Oophaga granulifera*）得名于它背上的颗粒状图案。

◁ 蟾蜍因其疣状皮肤而闻名，这有助于它们融入其栖息地的树叶和土壤中。在欧洲普通蟾蜍（*Bufo bufo*）头部的大肿块（即腮腺）中含有有毒的液体。当它们被粗暴对待时，毒液便会迸发出来。

▽ 阿根廷角蛙（*Ceratophrys ornata*）有非常明显的粗糙斑纹。它身上的绿色、橙色和黄色使其看起来很显眼，但这些色彩在野外是理想的伪装。

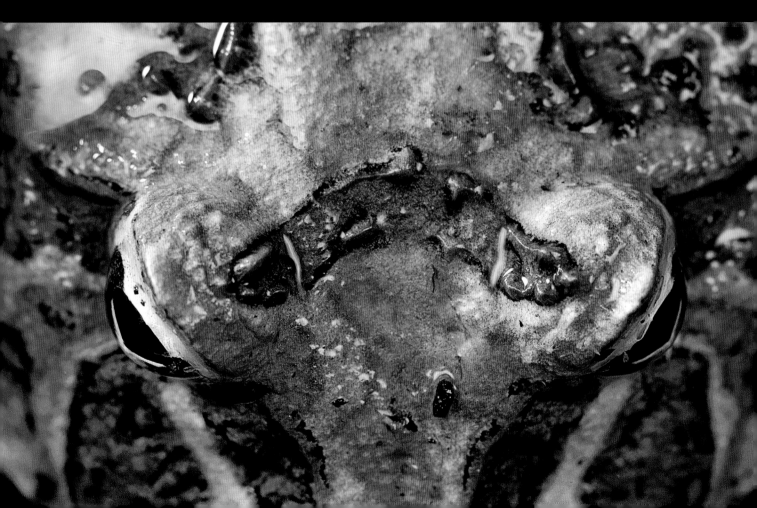

◁ 马来西亚的长鼻角蟾（*Megophrys nasuta*）因其尖尖的吻部而得名。这种蛙眼睛的上方也有两只"角"。角的作用是模仿叶子的尖端，这样青蛙就可以躲在落叶中。它的背部有脊状突起，看起来就像树叶的边缘，使它能进一步伪装。

△ 肯尼亚的阿尔格斯芦苇蛙（*Hyperolius argus*）是非洲芦苇蛙科（一个非洲的树蛙家族）的一种色彩鲜艳的成员。

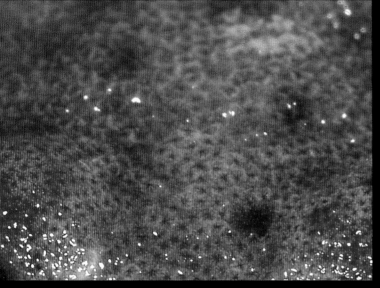

△ 斑点树蛙（*Boana punctata*）。

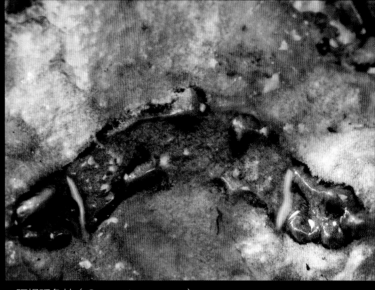

△ 阿根廷角蛙（*Ceratophrys ornata*）。

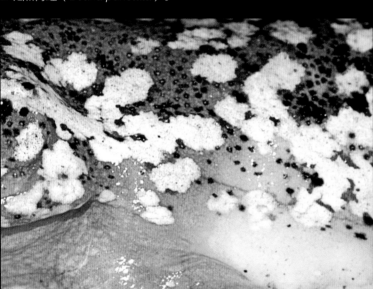

△ 运河区雨蛙（*Boana rufitela*）。摄于哥斯达黎加。

△ 亚洲树蛙（*Rhacophorus*）中的一个种。

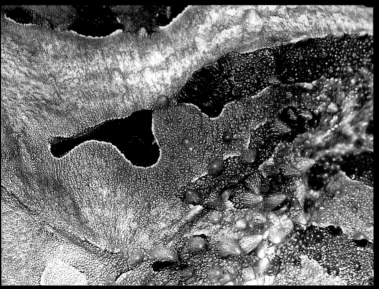

△ 苏里南角蛙（*Ceratophrys cornuta*）。摄于苏里南。

△ 白叶树蛙（*Dendropsophus leucophyllatus*）。摄于哥斯达黎加。

▷ 青蛙的肺很小，大多数也通过皮肤吸入氧气。对于较小的青蛙来说，这个被称为"皮肤呼吸"的过程实际上是氧气进入身体组织的最快途径。在气体交换的过程中，氧气进入血液，而二氧化碳则会离开身体，这些只能通过潮湿的皮肤表面进行。青蛙［比如这只鲁伊斯袋蛙（*Gastrotheca ruizi*）］必须用黏液定期滋润它们的皮肤，以保持气体流动。这个物种是"袋蛙"中的一种。雌蛙会将卵储存在背上的袋子中，卵在那里会发育成小青蛙。

△▷ 一些青蛙的皮肤图案为它们赢得了"花衣小丑"的称号。上图是哥伦比亚北部的丑角箭毒蛙（*Oophaga histrionica*）。右图是泽泰克金蛙（*Atelopus zeteki*），这是一种来自巴拿马的丑角蛙，它们位于丑角箭毒蛙的栖息地北部几千米的地区。

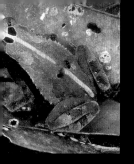

生　　　存

蛙的一生

蛙类一生都在不断地跳跃，寻找食物和配偶，同时它们也必须时刻警惕着各种各样的捕食者。

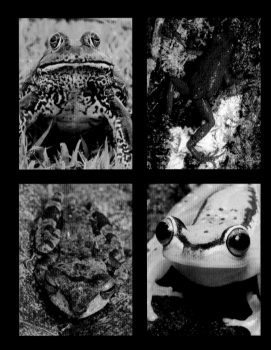

青蛙的生命是短暂的。它们中的大多数在蝌蚪阶段就死掉了，被鱼、昆虫甚至其他青蛙吃掉。如果它们能挺过危险的青年期，一般的物种能幸运地度过生命中的第三个年头。然而，较大的青蛙享有更长远的未来：有些甚至可以存活10年或更久，其中包括欧洲普通蟾蜍和角蛙。一些最长寿的物种，比如太平洋西北地区的尾蟾科（Ascaphidae）的成员能活20年。

青蛙的生活很简单，它们的必需品清单很短：水、食物和温暖。青蛙不需要与其他个体合作来获得这些资源，因此它们大多是独居动物，在繁殖季节之外几乎没有社交生活。它们可能会偶然聚集在一个良好的觅食地点，但除非是繁殖的时候，否则它们会主动避开其他青蛙。

许多青蛙，尤其是箭毒蛙，会强有力地保卫一个小小的觅食和繁殖区域。大多数的

△ 对于许多青蛙来说，生存的关键是远离其他动物的视线。这只欧洲普通青蛙（Rana temporaria）在河床的鹅卵石中保持着低姿态。
▷ 另一类大胆的生存策略是警戒色，比如这只染色箭毒蛙（Dendrobates tinctorius）。

打斗形式是一点点的推推搡搡和铿锵有力的鸣叫。雄性角斗士树蛙甚至可以使用一些武器——它们每只后脚上的锋利刺突。

觅食

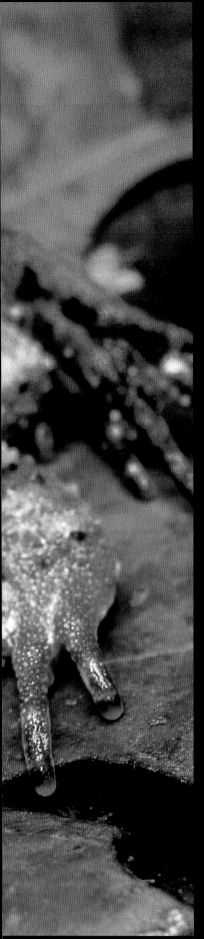

所有的成体青蛙都是食肉动物。它们大多以昆虫为食，还有鱼和蝌蚪。它们的猎物名单还可能包括蠕虫、螃蟹，甚至老鼠、蛇类和鸟类。有些青蛙对能动的东西都要咬一下试试，比如你的手指。与哺乳动物不同的是，青蛙的舌头根部长在口腔底部的前端，舌尖向着口腔里面。这样的舌头更容易迅速地展开并攻击猎物。

青蛙虽然可以用舌头品尝食物的味道，但它主要依靠上颚的雅各布森器来检测食物中是否存在化学物质。通过这种方式，不同的物种能够选择对它们最有益的食物。

箭毒蛙就是一个很好的例子。研究表明，如果人工饲养，并以无毒昆虫为食，它们皮肤中的保护性毒素很快就会消失。然而，当有选择的机会时，它们会积极地选择含有毒素的食物，甚至包括它们自己蜕的皮，以便补充体内有益的毒素。

△ 这只掌状水蝾螈（*Lissotriton helveticus*）正在捕食一只欧洲普通青蛙（*Rana temporaria*）的蝌蚪。

◁ 角蛙类以吃其他青蛙而闻名，比如这只秘鲁的苏里南角蛙（*Ceratophrys cornuta*）。它们的大嘴为它们赢得了"吃豆蛙"的称号，这个名字来自20世纪80年代的一款著名的电子游戏——"吃豆人"。

△ 美国牛蛙体长可达20厘米，大到足以应对一系列的猎物，从蛇和小龙虾，到它们同种的年轻成员。

◁ 顾名思义，窄嘴蛙的嘴很小。因此它们只能捕食小昆虫。很多窄嘴蛙几乎完全以蚂蚁为食，包括这只因其独特的叫声而得名的玻利维亚咩咩树蛙（*Hamptophryne boliviana*）。

▷ 有时捕捉猎物很容易：一只蚊子正停在这只娇美绿树蛙（*Ranoidea gracilenta*）的头上。

△ 这只雨蛙［离趾蟾属（*Eleutherodactylus*）］在一株茅膏菜（又名毛毡苔）旁边等候着。茅膏菜是一种食肉植物，它们用黏黏的触手捕捉昆虫。这只青蛙可能在等待一顿便宜大餐的到来。

　　我在瑞士的一个朋友教了我一个小技巧，即如何让这些食用蛙摆好姿势，以便拍出本页的这种照片。我们拿了一根像鱼竿那样带线的棍子，在线的一端绑了一朵五颜六色的花。然后让花在水面附近弹来弹去。于是这个区域所有的青蛙都向这朵‘跳舞的花’游去，似乎被它催眠了。它们可能认为这是一顿潜在的大餐，就像一只彩色蜻蜓或豆娘。很快它们就坐在了一起，而且挨得很近，于是我就可以拍出几张好照片了。"

154
生
存

▷ 几只食用蛙（*Pelophylax* kl. *esculentus*）在托马斯的"跳舞的花"的影响下，在一根原木上摆好了姿势。

◁ 一只欧洲普通青蛙（*Rana temporaria*）用它的长舌头捕捉猎物。青蛙的舌头如同一个覆盖着黏液的宽垫子，可以黏住昆虫等小猎物。

▷ 一只绿蛙（*Lithobates clamitans*）正在捕捉蜻蜓作为美餐，这是北美东部一个大型蛙种。

▽ 这只食用蛙（*Pelophylax kl. esculentus*）正在慢慢地吞下一条蚯蚓。青蛙会用它的眼球帮助吞下这样一顿大餐：把眼球缩回到头部，它们会把上颚向下推。这种额外的压力有助于迫使食物进入喉咙。

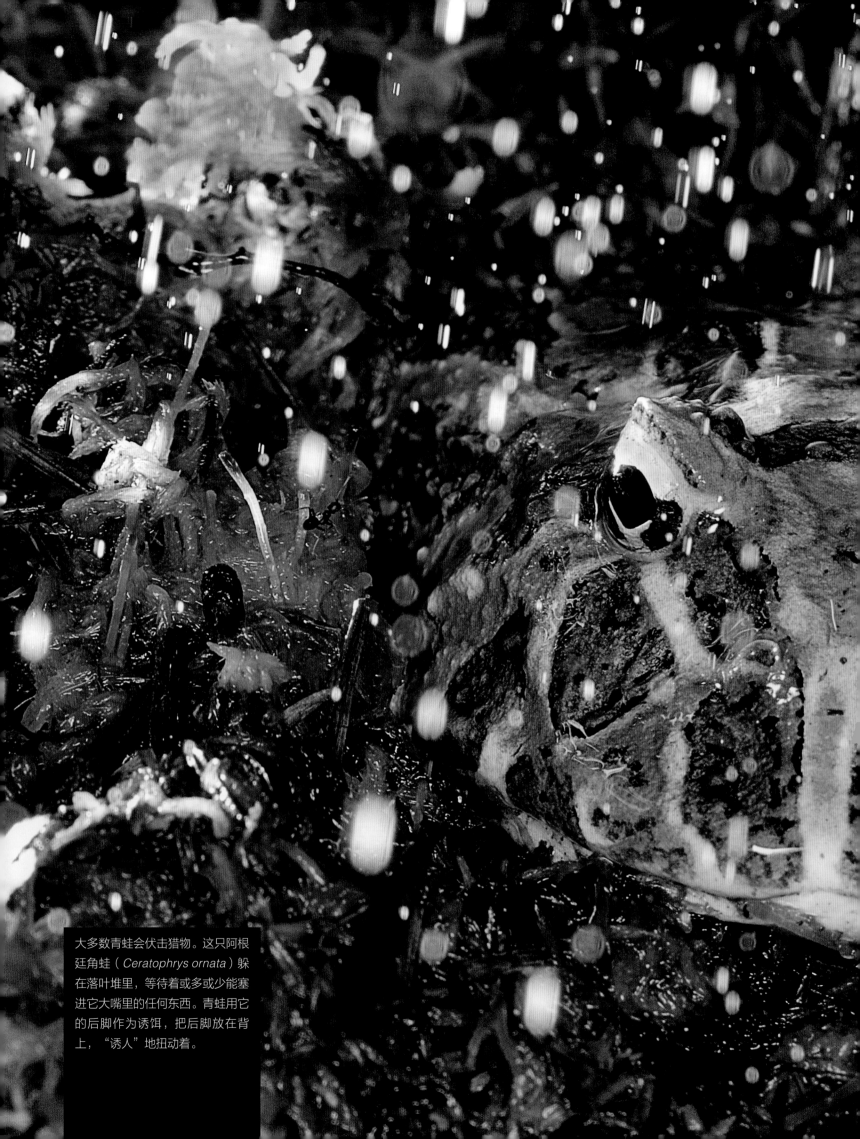

大多数青蛙会伏击猎物。这只阿根廷角蛙（*Ceratophrys ornata*）躲在落叶堆里，等待着或多或少能塞进它大嘴里的任何东西。青蛙用它的后脚作为诱饵，把后脚放在背上，"诱人"地扭动着。

运动方式

跳跃是一种非常有效的出行方式。一般的青蛙在一次跳跃中可以把自己向前移动超过自身十倍体长的距离。参与这一壮举的力量会形成一定的压力，然而青蛙的身体经过了特别的强化，可以承受每次跳跃带来的反复压力。它们小腿中的骨头——胫骨和腓骨融合成了一个单一的结构。当小腿和腿的其他部分在跳跃过程中伸直时，巨大的压力会通过骨头传递到脚跟和脚面上，使它们蹬离地面。着陆时的压力也很大，而青蛙短短的脊柱会吸收大量的冲击力。青蛙颈部的脊椎骨僵直，这样沉重的头部就不会危险地摇晃；而后部的脊椎骨融合为一根长骨，被称作"尾杆骨"，它使青蛙的骨盆变得坚固。

骨盆是腿部强大肌肉的附着部位，这些肌肉产生了每一次跳跃所需要的大部分推进力。跳跃主要用于逃避，比如跳入相对安全的水中。青蛙不能跑，但当它们想要更精确地定位时，它们能爬行。爬行需要每次在身体两侧交替地移动一条腿。

▷ 许多箭毒蛙有时生活在地面上，有时生活在树上，比如这种草莓箭毒蛙（*Oophaga pumilio*）。它们是优秀的攀爬者，会使用前腿交替的技术将自己向上拉。它们的趾端呈轻微的钩状，可以帮助它们抓住垂直的表面。

△ 红眼叶蛙（*Agalychnis callidryas*）是一个敏捷的攀爬者。除了在树间跳跃，它还会在树枝间慢慢地穿行，用它细长的、适合抓握的手指和脚趾紧紧地抓住树枝。

们有蹼的后脚当桨。黄腹铃蟾不仅用蹼足游泳，还在深水中拍打蹼足以产生波浪脉冲。科学家认为，这些脉冲能吸引雌性。

△ 一只年轻的食用蛙（*Pelophylax* kl. *esculentus*）用它巨大的蹼状后足在水下植物中游动。

△ 一只泽蛙在游泳，它用四肢来帮助移动。

一只全身舒展的泽蛙（*Pelophylax ridibunda*）跃入水中。这只青蛙在跳跃时闭上了眼睛，安全起见，它把眼球向下缩进了口腔。

一只巨大的叶蛙——双色叶蛙（Phyllomedusa bicolor）正穿越秘鲁的雨林。它也叫行走树蛙，顾名思义，这个物种和其他叶蛙属的成员很少跳跃，而是采用行走的移动方式，但它们走得非常缓慢。

△ 来自委内瑞拉的黑色灌木蟾（*Oreophrynella nigra*）能够在岩石上爬行，因为它的前腿和后腿的长度差不多。

△ 一只狐猴叶蛙（*Agalychnis lemur*）在哥斯达黎加雨林中的藤蔓上行走。

◁ 跳跃并不是一种非常精确的移动
方式。幸运的是，这种草莓箭毒蛙
（*Oophaga pumilio*）可以爬过岩
石，到达自己想去的特定地点。

△ 这只丑角树蛙（*Rhacophorus pardalis*）趴在森林地面上的一株真菌上。它大部分时间都待在高高的树上，并在树间滑翔。

夜行与日行

大多数青蛙都是夜行性的，意思是在夜间活动。这种行为的明显优势是青蛙可以在黑暗中隐藏自己。在热带雨林中，青蛙捕食的昆虫也是在夜间最为活跃。

青蛙是所谓的冷血动物，但更准确的说法是变温动物，这意味着青蛙对自己的体温缺少代谢控制。相反，它们的体温与周围环境的温度一致。热带地区夜间的温度与白天相差不多，这使得夜行动物一年四季都能生存。然而，在其他栖息地，比如山地森林和更温和的地区，夜晚要凉爽得多。这也将青蛙的活动限制在春季和夏季。在一年中较冷的时候，青蛙在晚上和白天都不活跃。

和其他变温动物一样，青蛙通过行为来调节体温。许多温带物种，比如欧洲普通青蛙，在夏日的白天并不是完全倦怠不动的：它们会晒太阳取暖，然后在需要降温的时候躲进阴凉处或滑入水中。

△ 即使在夜晚，雨林中也不是完全没有光的。这些来自加里曼丹岛的伞菌能在黑暗中发光。它们是持续发光的，但只有在黑暗中这种光才能被看见。

◁ 一只亚洲树蛙在夜晚外出狩猎。它的瞳孔睁得很大，这样它的眼睛就能尽可能多地收集光线。

△ 一对食用蛙（*Pelophylax kl. esculentus*）在黑暗的掩护下，在浅潭中交配。

亲缘不相关的许多蛙类都会在白天活动，其中包括曼特蛙和箭毒蛙。这些有毒的青蛙依靠日光将自己鲜艳的体色暴露出来，向捕食者发出警告，这也能让伴侣们更容易找到对方。一些丑角蟾（*Atelopus spumarius barbotini*）（右图）也是有毒的，它们和其无毒的亲戚也会在白天活动。在繁殖季节，许多物种都非常忙碌，因而它们在白天和晚上都很活跃。

△ 涂色曼特蛙（*Mantella madagascariensis*）。

△ 网纹箭毒蛙（*Ranitomeya reticulata*）。

△ 普通蟾蜍在繁殖的高峰期会在白天交配。

像青蛙一样，我也经常在晚上活动。但我作并不是都在雨林中进行——我在瑞士度许多个寻蛙之夜。早春的时候，我经常在出去寻找那些在夜间交配的青蛙，比如欧蛙。每年的这个时候天气还是很凉爽的，是在水中——我不得不连续几个小时坐在，直到工作结束。当青蛙呱呱叫的时候，会有点害羞，所以我需要慢慢来。我通常手对焦相机镜头并拿着手电筒，然后用右照。有好多年我都没有汽车，所以在洗完又湿又脏的'澡'后，我不得不骑着自行家。**"**

▷ 傍晚时分，一只雄性欧洲树蛙（*Hyla arborea*）在瑞士的一个池塘里鸣叫。

△ ▷ 这两张照片展示的是同一物种的树蛙 —— 谷地树蛙
（*Boana rubracyla*）。左侧的照片是白天拍摄的。到了晚上，
青蛙会呈现出更深的颜色，如右图所示。深色皮肤比浅色皮肤
更容易吸收热量。这种变化是由三种皮肤色素细胞控制的，它
们会收缩或膨胀，改变皮肤中不同颜色色素的比例。

▷ 一个树蛙属（*Rhacophorus*）的物种正睡在叶子上，长腿收拢在身体下面。它的上、下眼睑并不完全闭合，这意味着青蛙即使在睡觉时也会对捕食者保持警惕。

△ 大多数青蛙白天会躲起来睡觉，但也有一些会在开阔的地方睡觉，比如这只亚洲树蛙。

△ 与右图中相同的树蛙属（*Rhacophorus*）物种，刚刚被相

伪装

成体青蛙会有很多捕食者。在森林里，它们会被蛇捕食，蛇会用闪电般的速度咬伤青蛙，并用快速作用的毒液杀死青蛙。在沿着河岸的区域，它们面临着水獭或苍鹭等猎手的威胁。而在远离水域的地方，蟾蜍会成为獾和刺猬的猎物，青蛙也许能在最后一刻跳到安全的地方，但丝毫不被发现是一个更好的生存策略。该策略最常用的方法就是伪装。

大多数捕食者可能通过嗅觉来发现青蛙，但这通常不足以精确定位它们的猎物，所以它们转向视觉——扫描周围任何具有典型青蛙形状的东西。伪装的目的就是为了打破形状，使青蛙无法从背景中被区分出来。正是由于这个原因，许多青蛙有一种扰乱性的绿色加棕色的体色模式，类似于军人的迷彩服。颜色的混合使得青蛙与环境的边界很难被分辨出来。大多数青蛙能够调整这些颜色，将它们变浅或变深，以便更接近周围的颜色。

▷ 一只年轻的欧洲普通青蛙（*Rana temporaria*）正在寻找过冬的地方。在绿色和褐色的落叶中很难将它识别出来。

△一只南美树蛙藏在树瘤里，伪装成浅色的心材。

△ 加里曼丹岛的一只渗水蛙（*Occidozyga baluensis*）被泥巴覆盖，这有助于它在等待伏击蠕虫和昆虫时融入周围的环境。

> 青蛙并不总是乐意被拍照。你才拍了几张，它们通常就会跳开，然后彻底消失。但是这只树蛙在镜头前并不那么害羞。我发现它睡在一片破烂的叶子上，在我拍了几张照片之后，它醒了，但没有马上跳开。相反，我们对视了几秒钟。然后我决定让这只青蛙安静地待着，转而去森林里寻找其他的摄影对象。

▷ 当腿蜷缩到身旁时，这只树蛙看起来一点儿也不像青蛙。白色斑点图案让它看起来像一只落在叶子上的鸟。

▽ 这只在委内瑞拉大草原地区睡觉的树蛙被从睡梦中唤醒。

◁ 在委内瑞拉卡奈马国家公园里，
一只熟睡的树蛙几乎完美地伪装在
月光下的岩石上。

△ 当青蛙抬起头并睁开眼睛时，伪装就被破坏了。

▽ 同颜色和图案一样，形状也是创造良好伪装的一个非常重要的工具。法属圭亚那的蝙蝠脸蟾蜍（*Trachycephalus typhonius*）是一个很好的例子，它利用了上述的全部元素。在森林的地面上，蟾蜍背上的浅色条纹看起来就像树叶的中央叶脉。

◁ 南美普通蟾蜍（*Rhinella margaritifera*）扁平的身体有着锯齿状的边缘，使它看起来更像是叶子而不是青蛙。

▽ 从侧面看，可以看到南美普通蟾蜍（俗称具脊森林蟾蜍）身上的脊。这些脊既扁平又弯曲，使它融入到森林地面上干燥、皱巴巴的落叶中。

▷ 阴影是一个很大的泄密因素。一只青蛙可以有很好的伪装，但青蛙身体下的阴影却足以显现出它的形状，并提醒捕食者青蛙的位置。这只脊耳树蛙（*Polypedates otilophus*）将它的身体紧紧地贴近树干，以确保它的阴影在一天中的任何时候都能保持在最小。

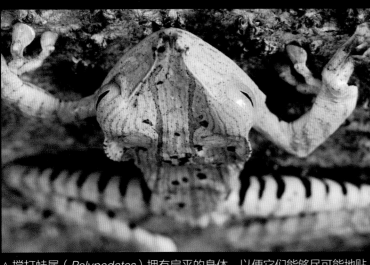

△ 搅打蛙属（*Polypedates*）拥有扁平的身体，以便它们能够尽可能地贴近树干或类似的休息场所。

使用毒素

许多种类的青蛙会使用毒素来保护自己。例如南美洲的双色叶蛙（*Phyllomedusa bicolor*）会产生一种含有强效毒素的蜡状物质。这种有毒的物质是通过腺体分泌到皮肤表面的，而这些腺体在其他物种中被用于皮肤的保湿。如果人类摄入了这种物质，就会产生幻觉——这就是为什么亚马孙人在宗教仪式上使用蛙蜡。他们相信蛙蜡中的毒素导致的恍惚状态可以让萨满与灵魂

交流。最常见的有毒蛙是箭毒蛙。众所周知，箭毒蛙是箭矢和狩猎飞镖的尖端处涂抹的麻痹性毒素的来源，而且它们也以颜色最鲜艳的蛙类物种而闻名。大多数箭毒蛙不会产生特别强效的毒素，吃一只箭毒蛙不会让捕食者丧命，但会让它生病。不幸的捕食者很快就能学会将生病的难受感觉与那类青蛙的味道和颜色联系起来，再也不会吃任何看起来类似箭毒蛙的东西了。

因此，一只青蛙的死亡可以保护整个族群。

马达加斯加的曼特蛙也采用了同样的策略。它们颜色鲜艳，可以警告潜在的捕食者。然而，并不是所有的青蛙都在说真话。有两种丑角蟾［属于斑蟾属（*Atelopus*）］拥有带毒的皮肤。它们颜色鲜艳，但该属的无毒成员也是如此。无害的青蛙会模仿它们同类的警示性颜色，使得它们看起来就和同类一样危险。

◁草莓箭毒蛙（*Oophaga pumilio*）的皮肤中含有一种叫作箭毒蛙碱的毒素。这种物质在高浓度时毒性极强，但是在蛙的皮肤中含量很少，不足以杀死大多数动物。尽管如此，仅仅是触摸它们的皮肤，还是会引发使人疼痛的皮疹。

△ 绿曼特蛙（*Mantella viridis*）的皮肤里有和箭毒蛙一样的毒素，尽管它们没有直接的亲缘关系，而且生活在世界上完全不同的地方。

△ 斑蟾属的乔科丑角蟾（*Atelopus spurrelli*）和该属的许多其他成员一样拥有鲜艳的颜色。然而，只有两种斑蟾属（*Atelopus*）的物种会产生令人震惊的毒素：巴拿马金蛙（*Atelopus zeteki*）和变种丑角蟾（*Atelopus varius*）——它们能产生与河豚相同的致命毒素。

△ 金色曼特蛙（*Mantella aurantiaca*）鲜艳的颜色表明：这将是令捕食者不快、甚至可能致命的一餐。

箭毒蛙家族中那些会产生毒素的成员的皮肤都展现出了丰富的色彩图案。这些色彩至少在一种情况下可以被转移到另一个物种的身上:来自南美洲的染色箭毒蛙(*Dendrobates tinctorius*)(见下方大图)被森林里的原住民用来给他们的宠物鹦鹉染色。他们将青蛙的皮肤与鹦鹉雏鸟的皮肤相互摩擦,蛙的毒素会不可思议地使雏鸟长出各种颜色的羽毛。

△ 考卡毒蛙(*Andinobates bombetes*)。

△ 丑角箭毒蛙(*Oophaga histrionica*)。

△ 染色箭毒蛙(*Dendrobates tinctorius*)。

网纹箭毒蛙（*Ranitomeya reticulata*）。

△ 染色箭毒蛙（*Dendrobates tinctorius*）的蓝色类型。

拍摄有毒的青蛙最容易的一点是，即使是最毒的青蛙也不会对我造成什么危害。但热带雨林的其他[] 物并非总是如此。有一次在印度尼西亚的苏门答腊岛，我雇了一名当地的向导带我去一些能找到野生动[] 的好地方。那里有很多我想看的东西，除了青蛙，我还希望找到罕见的灯笼虫。

苏门答腊岛的大部分森林都被人类改造过，所以大多数森林以小块的形式存在。我们在岛上的古农·[]半国家公园中徒步旅行了一段时间，这是少数几个仍保存着原始森林的地方之一。突然，我们听到不远[]方非常大的吼声。那声音听起来像是一只巨大的动物，我问向导附近是否有老虎。我想不出在热带雨林[]还有其他什么动物能发出这样的声音。

向导表示同意，说那一定是老虎，而且听起来不太友好。我很兴奋，但同时也有一点儿害怕。最终，[]的好奇心占了上风，我请向导让我靠近一些，以便能亲眼看到一只生活在栖息地的野生老虎。他断然拒[]了，'没门儿，'他说，'我们最好马上离开。'我很失望，但这可能是正确的做法。然而直到今天我[]在想，如果我们当时靠近看一看，会发生什么？**"**

△ 颗粒箭毒蛙（*Oophaga granulifera*）。

[]角箭毒蛙（*Oophaga histrionica*）。

△ 莱曼毒蛙（*Oophaga lehmanni*）。

▷ 哥伦比亚的金色箭毒蛙（*Phyllobates terribilis*）能产生青蛙中最毒的物质，事实上，也是所有脊椎动物中毒性最强的。该物种中一个普通大小的个体的皮肤中可以含有1毫克的蛙毒碱，足以杀死1万只老鼠或大约10个人。然而，只有当青蛙的有毒分泌物通过破损的皮肤进入血液时，它才会对人类构成真正的威胁。这种毒素是青蛙通过从白蚁、蚂蚁和其他热带雨林昆虫身上提取类似毒素后合成的，用无毒昆虫人工饲养的箭毒蛙则是无毒的。蛙毒碱会作用于神经系统，使肌肉麻痹。如果剂量足够大，毒素最终会让心脏停止跳动。

▷ 这种树蛙——虎纹雨蛙（*Hyloscirtus tigrinus*）于2007年在哥伦比亚被发现。它目前被认为是无毒的，但它皮肤上的绿色和黑色很像绿黑箭毒蛙（见下图）。绿黑箭毒蛙和虎纹雨蛙生活在哥伦比亚的同一地区，不过前者通常只在低海拔的森林中活动。人们对这种树蛙知之甚少，但它的颜色可能是模仿那种有毒的青蛙，试图以此吓跑捕食者。还有另外一种解释：条纹被认为是一种很好的伪装，所以箭毒蛙的鲜艳颜色可能一开始就是一种伪装图案。

△ 绿黑箭毒蛙（*Dendrobates auratus*）是最常见的箭毒蛙之一。

▷ 当它们在水里交配时，这些欧洲普通蟾蜍（*Bufo bufo*）身上的疣突很容易被看到。这些疣突里充满了乳白色的液体，如果粗暴地对待它们，这些液体就会泄漏或喷射出来。奶状液体中含有蟾蜍精：一种强效的类固醇。高浓度的蟾蜍精会引起心悸，但只有甘蔗蟾蜍（*Rhinella marina*）的乳白色液体的毒性才足以对人类产生影响。

△ 火蝾螈能够产生一种强大的毒素，叫作蝾螈素。火蝾螈可以从皮肤腺体向攻击者喷射毒液。如果毒素进入眼睛，会引起抽搐和危险的高血压。

△ 和蟾蜍属（*Bufo*）的成员一样，南欧的绿蟾蜍（*Bufotes viridis*）眼睛后面也有一些很大的突起。这些腮腺属于改良的唾液腺，蟾蜍产生的大部分毒素都来自于此。

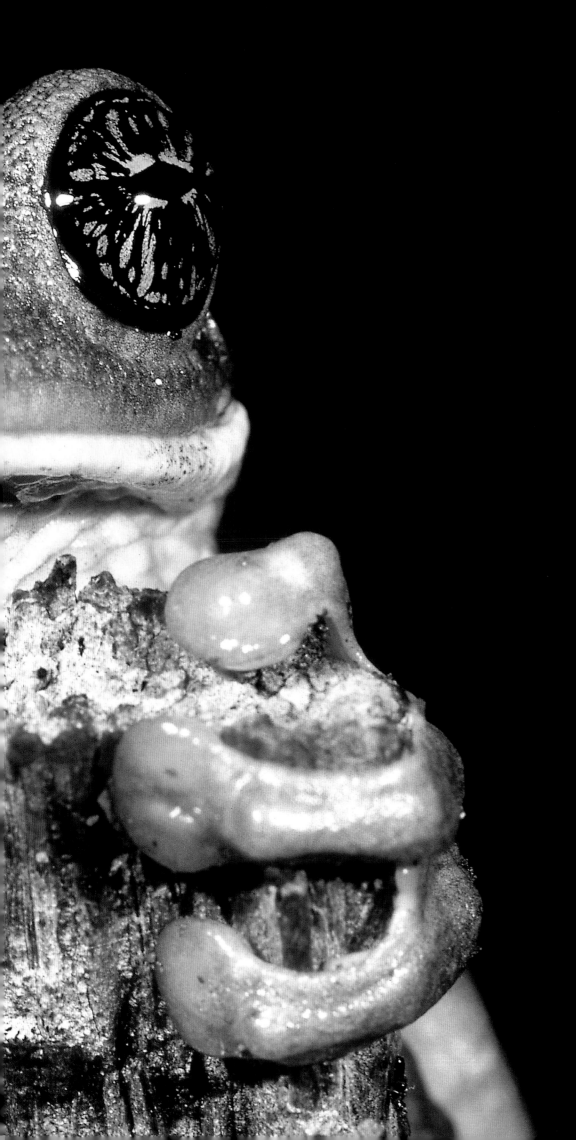

秘鲁的脉纹树蛙（*Trachycephalus typhonius*）的皮肤会分泌一种有黏性的白色物质。这种乳白色的泡沫含有一种生物碱，如果它进入攻击者的眼睛，就会引起刺痛。

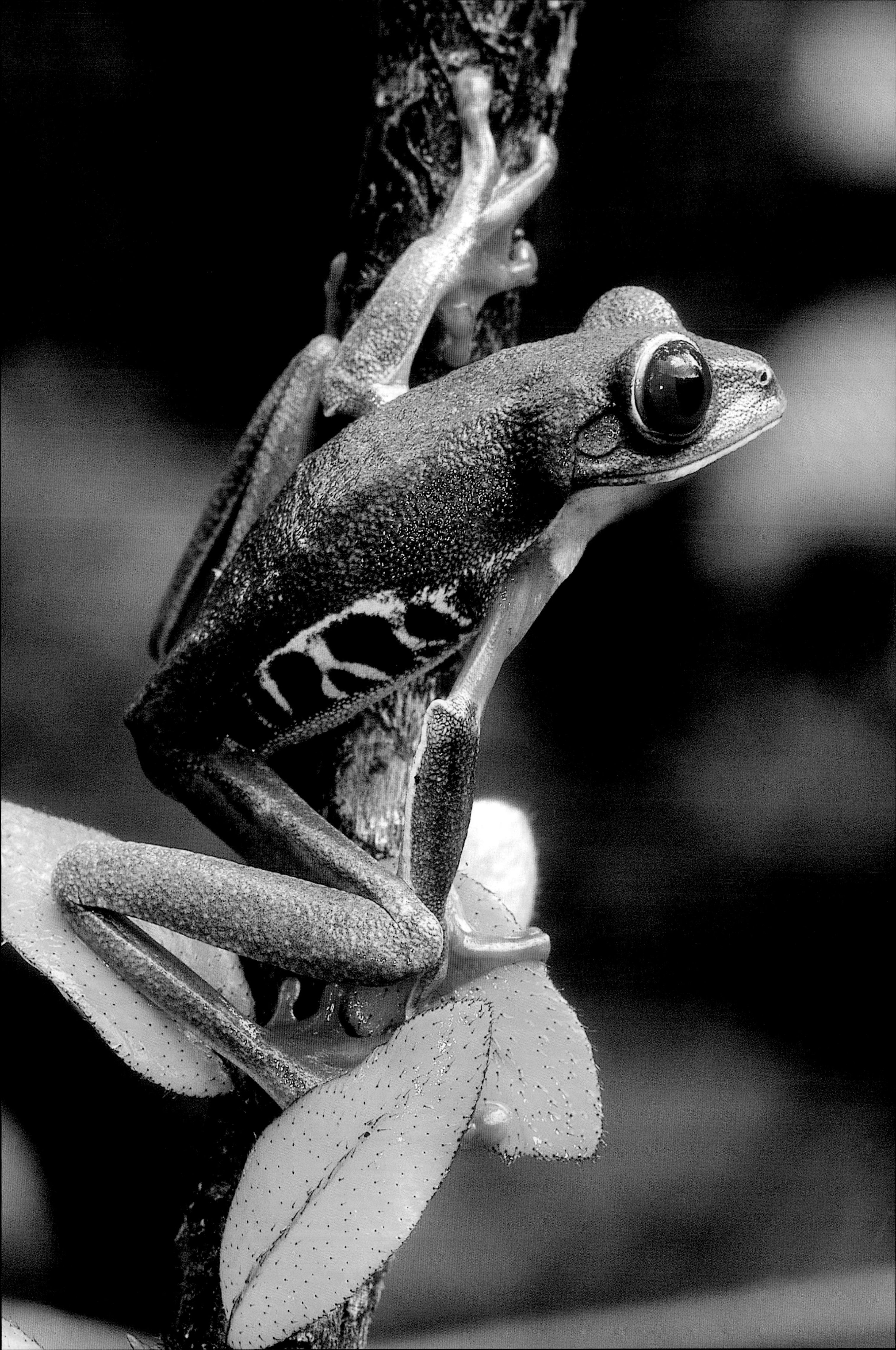

无论青蛙多么努力地躲避捕食者，猎手和猎物之间的演化竞赛始终确保着捕食者能够经常找到潜在的猎物。一旦猎物被发现，跳入安全的水域或灌木丛来做"最后一搏"可能会有效果，但这还不够。

有几个类群的青蛙"投资"了额外的"保险策略"。其中最为成功的策略之一就是让自己有毒，或者至少让捕食者吃起来不舒服。一次糟糕的进食经历会使捕食者很快学会远离类似的青蛙。

一些物种使用另一种防御手段：长出一个充满棘和刺的"武器库"，这些棘刺最多也就是让它们吃起来口感相当不好。而智利的头盔水蟾蜍（*Calyptocephalella gayi*）发展出了一种更为主动的方法。它们身长可达 25 厘米，是一种以鸟类、鱼类和蜥蜴为食的大型青蛙。如此之大的体形，使它成了捕食者喜欢的美餐——它的捕食者包括人类。当受到威胁时，这种蟾蜍会胀大肺部，使身体膨胀到最大，然后用后腿直立起来，张大嘴巴，冲向攻击者——这通常足以吓跑捕食者。

△ 这种哥伦比亚的蟾蜍属于蟾蜍属（*Bufo*），它的眼睛后面有带刺的脊，这使得它难以被吞咽。

◁ 红眼叶蛙（*Agalychnis callidryas*）身体两侧有明亮的颜色带。通常情况下，当它们栖息在树枝上时，这些颜色会被腿挡住从而隐藏起来。但当它们跳跃时，腿伸展开来，就会呈现出明亮的闪光。这时，青蛙的身体从绿色变为多种颜色，捕食者需要在青蛙跳跃时调整其跟踪方式。而当青蛙着陆并再次收起它明亮的侧面时，它就从捕食者的眼中消失了……

△ 脊耳树蛙（*Polypedates otilophus*）得名于它颌骨上延伸的锐利的脊。这些脊位于皮肤下面，但会刺痛任何试图捕食它的动物。

番茄蛙（*Dyscophus antongilii*）的皮肤表面能渗出黏性物质。当捕食者咬住番茄蛙时，这种黏液会粘在攻击者的嘴上，还会在攻击者的面部蔓延，粘住它的眼睛。这样，番茄蛙就可以逃脱了。

不必要的竞争

　　大多数青蛙都是专一性很强的动物，生活在热带雨林中的那些尤其如此。它们是数百万年来未受干扰的野生动物群落的一部分。每个青蛙物种都在一个错综复杂、微妙平衡的生命网中演化生存。如果从这个古老的生态系统外部引入生物，无论是动物、植物还是真菌，本土雨林中的青蛙都会面临危险。

　　也许最糟糕的"入侵者"正是其他种类的青蛙——有些已经演化出了"多面手"的生活方式，能够在各种栖息地生存。这其中包括多种蟾蜍和牛蛙。在过去的一个世纪里，许多这样的物种被人类散布到世界各地，有些是偶然的，有些是特意的。新成员广泛的适应能力意味着它们无论到哪里都能生存下来——通常是以牺牲本地蛙类为代价。

　　非洲爪蟾（*Xenopus laevis*）是一种被人类特意引入世界各地多个国家的物种。这种青蛙对人类的妊娠激素很敏感，曾经被用于原始的妊娠测试。然而，非洲爪蟾携带着一种真菌，它们自己对其有免疫力，但这种真菌会导致其他种类的青蛙患上一种叫作"壶菌病"的致命疾病。在过去的10年里，这种真菌已经在世界大部分地区被发现。它被认为是全球青蛙数量减少、导致30%的蛙类物种面临灭绝威胁的原因之一。

△ 甘蔗蟾蜍（*Rhinella marina*）是1935年从美洲引入澳大利亚的，当年是为了控制一种农作物害虫，但快速繁殖的甘蔗蟾蜍很快便成了一个更严重的问题。最初的101只甘蔗蟾蜍现在已经繁殖到了2亿只。

◁ 美洲牛蛙（*Lithobates catesbeianus*）原产于北美洲东部。然而，它们现在已经被引入北美洲的西部、中美洲、南美洲及欧洲。图中的这只生活在哥伦比亚，在那里它能够支配体形较小的其他物种。牛蛙被认为是在南美洲传播蛙壶菌（*Batrachochytrium dendrobatidis*）——壶菌病背后的致病真菌——并造成毁灭性影响的物种之一。

△ 卡宴斑蟾（*Atelopus flavescens*）是一种生活在法属圭亚那的丑角蟾，是受到壶菌病威胁的南美洲物种之一。

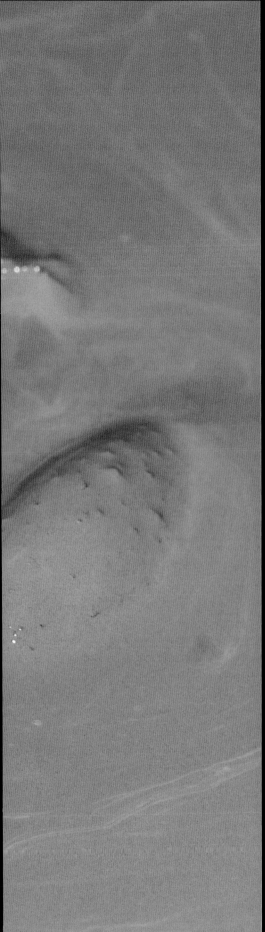

你永远不知道什么时候会遇到一只青蛙。我在马达加斯加旅行时，一天晚上，偶然发现这只非洲牛蛙竟生活在路中间的泥坑里。这是一个很好的例子，说明有些物种几乎能在任何地方生存下来。

◁非洲牛蛙（*Pyxicephalus adspersus*）已被引入马达加斯加。人们担心，该物种将对岛上已经受到威胁的野生动物造成更大的破坏。有可能正是非洲牛蛙把壶菌病带到了马达加斯加岛。

△托马斯·马伦特正在马达加斯加拍摄左图中的非洲牛蛙。

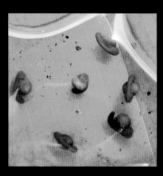

繁　殖

繁殖行为

青蛙只有在繁殖的时候才会关注彼此。这时它们会开始比赛，争夺最好的伴侣。

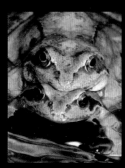
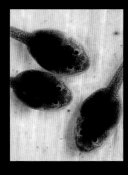
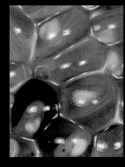

△ 欧洲树蛙（*Hyla arborea*）的幼体有四条腿和一条尾巴。

▷ 雄性和雌性的澳大利亚红眼树蛙（*Ranoidea chloris*）正在抱对——这是雄性紧贴雌性背部的交配姿势。

　　青蛙在水中开始它的一生。在能够移动到陆地上之前，它需要经历一个显著的转变。当然，这个过程有它的优点和缺点。其中的一项好处是：青蛙幼体和青蛙成体不直接竞争彼此的资源。蝌蚪生活在与它们的父母所处环境完全不同的栖息地，并有独立的食物来源。这意味着一对青蛙产下蝌蚪的数量不会影响成体青蛙的生存。

　　因此，一对普通的青蛙即使不能产下几千个，也能产下数百个卵。虽然它们不与父母竞争，但后代的绝对数量意味着没有足够的资源供养这么多个体，于是只有最强壮的及最幸运的才能发育为成体。

　　青蛙依赖水的最大缺点是：很少有蛙类物种能脱离水而繁殖，这在很大程度上将它们直接排除在较干燥的栖息地之外。

青蛙的确也能在干旱条件下生存，但在这种情况下，它们只是构成生态系统的一小部分。潮湿、湿润的地方最适合青蛙的繁殖系统——能让它们种群兴旺。

生活史

大多数青蛙从卵中孵化出来时都是无腿、有尾、像鱼一样的蝌蚪，它们在水中生活和呼吸。随着发育，它们长出了腿，失去了鳃——长出了肺作为替代，并逐渐将尾巴吸收到身体中。最终的结果是发育成一只小青蛙——一种开始在陆地上生活的小动物。

尽管外表看起来变化不小，但这一过程与其他脊椎动物的发育过程并没有太大的区别。从青蛙到哺乳动物，陆地脊椎动物的一生都有相似的形态变化过程。包括人类在内的所有脊椎动物在其胚胎发育早期，脖子上都有鳃裂。其中的区别在于，鸟类、蜥蜴、哺乳动物，甚至是人类的大部分发育过程都隐藏在卵内或母体内，不为人所见，而两栖动物的胚胎在用鳃呼吸的阶段就已经独立发育了。随后肺和四肢的发育发生在蛙的蝌蚪期。蜥蜴、鸟类和哺乳动物的这一过程发生在胚胎期。

接下来几页的图片展示了欧洲普通青蛙（*Rana temporaria*）从卵到成体的不同生长阶段。

▷ 青蛙的生活史从交配开始。雄蛙和雌蛙都产生生殖细胞，每个生殖细胞都含有半套染色体。当一个精子与一个卵子融合时，就会产生一个带有全套DNA的单细胞，也就是受精卵，或称合子。然后受精卵经过有丝分裂后，形成胚胎。

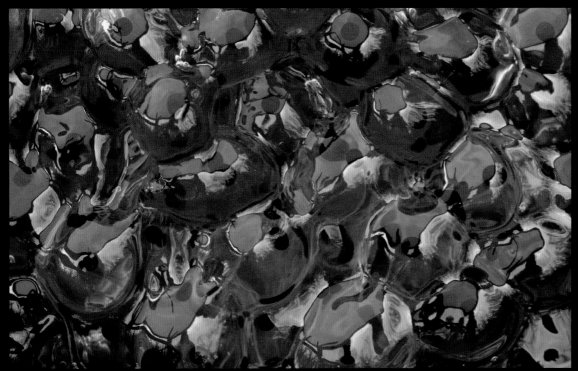

△ 和其他冷水物种一样，欧洲普通青蛙将卵产在果冻样的球状卵团中。在温暖的水域，蛙类则更倾向于产下薄垫状的卵。

▷ 长出四肢的蝌蚪。它的尾巴会逐渐被身体吸收，但尾骨并没有丢失，而是融合成一个叫作尾杆骨的棒状骨。该骨位于蛙的臀部内，为骨盆提供结构支撑，也是青蛙用于跳跃的强大肌肉的附着部位之一。

△ 小蝌蚪几周后从卵中孵化出来。

△ 起初，蝌蚪的身体几乎是球形的。

△ 青蛙的四条腿中，首先出现的是一对后腿。

△ 在前腿开始发育的时候，后腿已经发育得很好了。

▷ 从一颗受精卵开始，三到四个月后，小青蛙已经足够强壮，能够离开水源去寻找一个黑暗潮湿的地方过冬（称为冬眠）。第二年春天，它将集中精力觅食和生长。然而在三岁之前，这只个体是不大可能成功交配的。

△ 蝌蚪现在变成了无尾小青蛙。这只小蛙只有几厘米长，它仍有很长时间是待在水里的。

吸引异性

正如在动物王国中常见的那样，吸引异性是雄蛙的事儿。它们通过发出响亮的叫声来做到这一点。这些声音因物种而异，从低沉的"呱呱"声，到高音调的"唧唧"声和"嗡嗡"声。

叫声是由喉部（即喉头）发出的，喉头有肌肉纤维，当空气从喉头上方流过时，这些肌肉纤维会振动，从而发出一种独特的声音。雄蛙和雌蛙都有发声器，但只有雄性的肌肉纤维大到足以发出响亮的叫声。很多（但绝不是所有）雄蛙在鸣叫时，还会将喉咙处的皮肤充气，呈气球状，被称为声囊。这有助于将声音从喉部传递到空气中。

人们有时会认为，青蛙的叫声越低沉，吸引的异性就越多。然而研究表明，鸣叫最频繁的雄性其实对雌性才最有吸引力。感兴趣的雌性会跳向它所选择的伴侣发声的地方，并不时停下来，以确定它正在朝着正确的方向前进。一只体形较大的雄蛙会尽其所能确保自己是该地区唯一的发声者，为此它会把体形较小的其他雄蛙赶走。然而，也有一些雄蛙会选择保持沉默，并蹑手蹑脚地靠近那些大个头的雄性正在"表演"的地方。当潜在的配偶在黑暗中靠近时，沉默的雄蛙会拦住它，跳到它背上，准备开始交配。

△ 无条纹树蛙（ *Hyla meridionalis* ）会发出一种低沉的"科拉-阿-阿尔"的鸣叫声。在繁殖期的高峰时段，这种响亮的叫声在数千米外都能听到。

◁ 澳大利亚红眼树蛙（*Ranoidea chloris*）会发出一种"阿尔克-阿尔克"的鸣叫声。它的声囊能帮助传播这种叫声，并引入谐波频率，使声音在森林中传播得更远。

△ 一只雄性欧洲普通青蛙在水中"呱呱"地叫着。巨型声囊的工作原理就像钢琴的音板或扬声器的膜片。膨胀的声囊并没有给这种叫声增加能量，而是依靠声囊在空气中的振动，向青蛙的前方传递声波。

◁ 来自澳大利亚的雄性莱苏尔蛙
（*Litoria lesueurii*）发出柔和
的"呼噜"声。尽管是树蛙，但
这个物种生活在地面上。在一年
中温暖的季节，大量的雄蛙聚集
在浅溪边鸣唱。这样的合唱在雨
后最常听到。

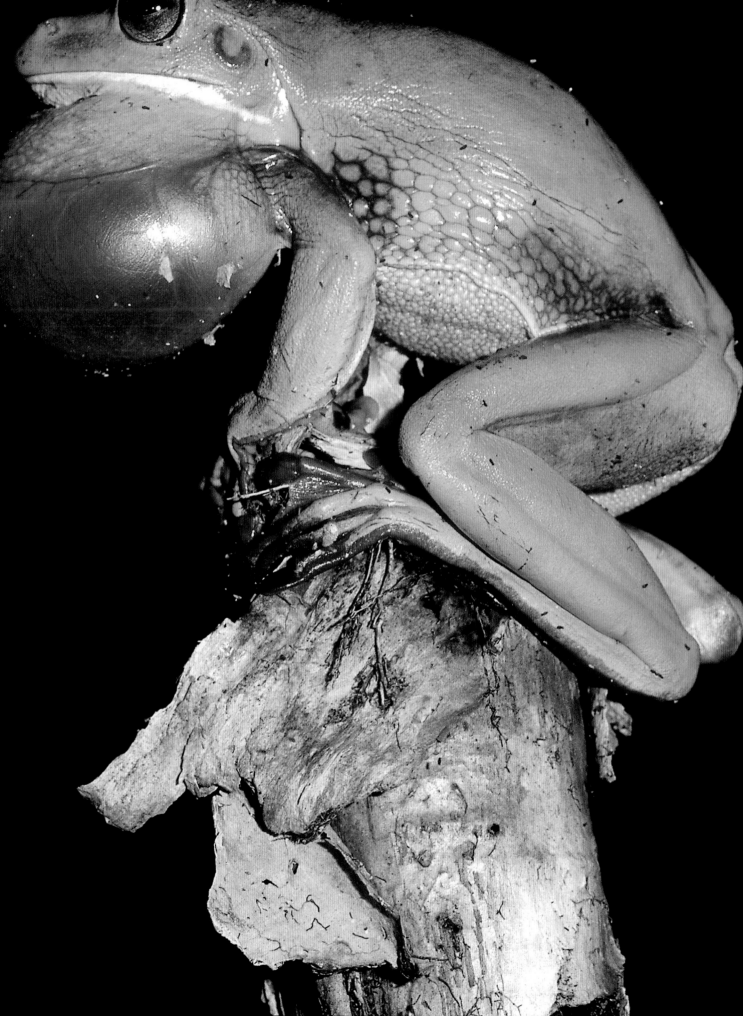

◁ 澳大利亚的白唇树蛙（*Litoria
infrafrenata*）体长13厘米，是世界
上最大的树蛙。这只雄蛙在一个显
眼的位置发出叫声，以突出它的存
在感。它的交配鸣叫声是响亮的犬
吠声，不过这一物种的雌蛙和雄蛙
在感到痛苦时也会发出更安静的"
喵喵"声。

△ 一只特鲁布玻璃蛙（*Nymphargus truebae*）在秘鲁云雾笼罩的森林里鸣叫。和典型的玻璃蛙一样，这种蛙能发出口哨般的叫声。

泽蛙（*Pelophylax ridibunda*）有两个声囊，这是与其他所谓的水蛙共有的特征。水蛙是侧褶蛙属（*Pelophylax*）下的一个亚群，还包括池蛙（*Pelophylax lessonae*）和食用蛙（*Pelophylax* kl. *esculentus*）。泽蛙会发出"布莱克-克-克克"的叫声。

◁一只泽蛙（*Pelophylax ridibunda*）发出一种听起来像"布莱克-克-克克"的叫声。食用蛙（*Pelophylax* kl. *esculentus*）是杂交品种，它们是泽蛙（*Pelophylax ridibunda*）和池蛙（*Pelophylax lessonae*）交配产生的后代，雌性食用蛙可能会响应这一召唤，与雄性泽蛙交配。但是，如果食用蛙与食用蛙交配，由于杂种生殖细胞的缺陷，其后代很难存活。

△ 据说黄条背蟾蜍是欧洲叫声最大的两栖动物。几千米外都能听到这种刮擦似的、救护车一样的叫声。人们甚至曾把这种蟾蜍的合唱误认为是一列经过的火车。

当我探访加里曼丹岛的低地雨林时，我想找到黑斑岩蛙。它们只生活在瀑布旁，有着有趣的求偶行为——雄性用抬起后肢而不是鸣叫的方式来吸引雌性。研究中心的科学家建议我和向导一起去，因为通往能找到这个物种的小瀑布的小路并没有被很好地标记出来。不幸的是，那天没有找到向导，所以我决定自己去试试运气。

那是一次艰难的徒步旅行。森林的地面上爬满了水蛭，把我咬得很疼，但更烦人的是在我脑袋周围'嗡嗡'叫的马蝇。我有一张小地图，所以知道必须沿着一条大河走才能到达那个青蛙瀑布。我一到那里就发现了非常害羞的岩蛙，并看到了雄蛙的表演。然而，每当我试图靠近，它们就会跳进水里。最后，我尝试着拍了几张照片，然后就准备走出森林。

突然，下起了大雨，随后雷雨大作。我沿着小路向前走，遇上了一支研究小队。其中一个队员告诉我，我不应该在这种天气时到森林里来。然后他们朝相反的方向出发了。这令我困惑不解：这种天气下他们要去哪里呢？然后我忽然意识到，一定是我自己走错了方向。我掉头往回走，但此时其他人已经消失在大雨中了。

我一直走到接近黄昏时分，最后开始恐慌起来。我忍不住想：不要再在森林里迷路了！——这种事以前发生过两次，我知道蚂蟥和蚊子会整晚吸我的血。我没有食物和水，我的地图湿透了，我再也辨认不出道路了！如果我不能在黄昏前赶回去，希望研究中心的人会来找我。我感觉自己要疯掉了，疯到给自己拍了张自拍照：在照片中我看起来糟透了。但我没有放弃，而是决定换另外一条路走，打着手电一点点摸索着往前走。这条路奇迹般地把我带回了研究中心。当我终于到达时，我几乎要瘫掉了。"

▷ 黑斑岩蛙（*Staurois natator*）住在很吵的瀑布旁边。雄性的确会鸣叫，但因为被瀑布的轰鸣声盖过，雌蛙可能听不到它的叫声，于是雄蛙也会用一种叫作"摇脚"的视觉信号来吸引异性——抬起它们的后腿，露出大腿内侧顶部的一块浅蓝色皮肤。

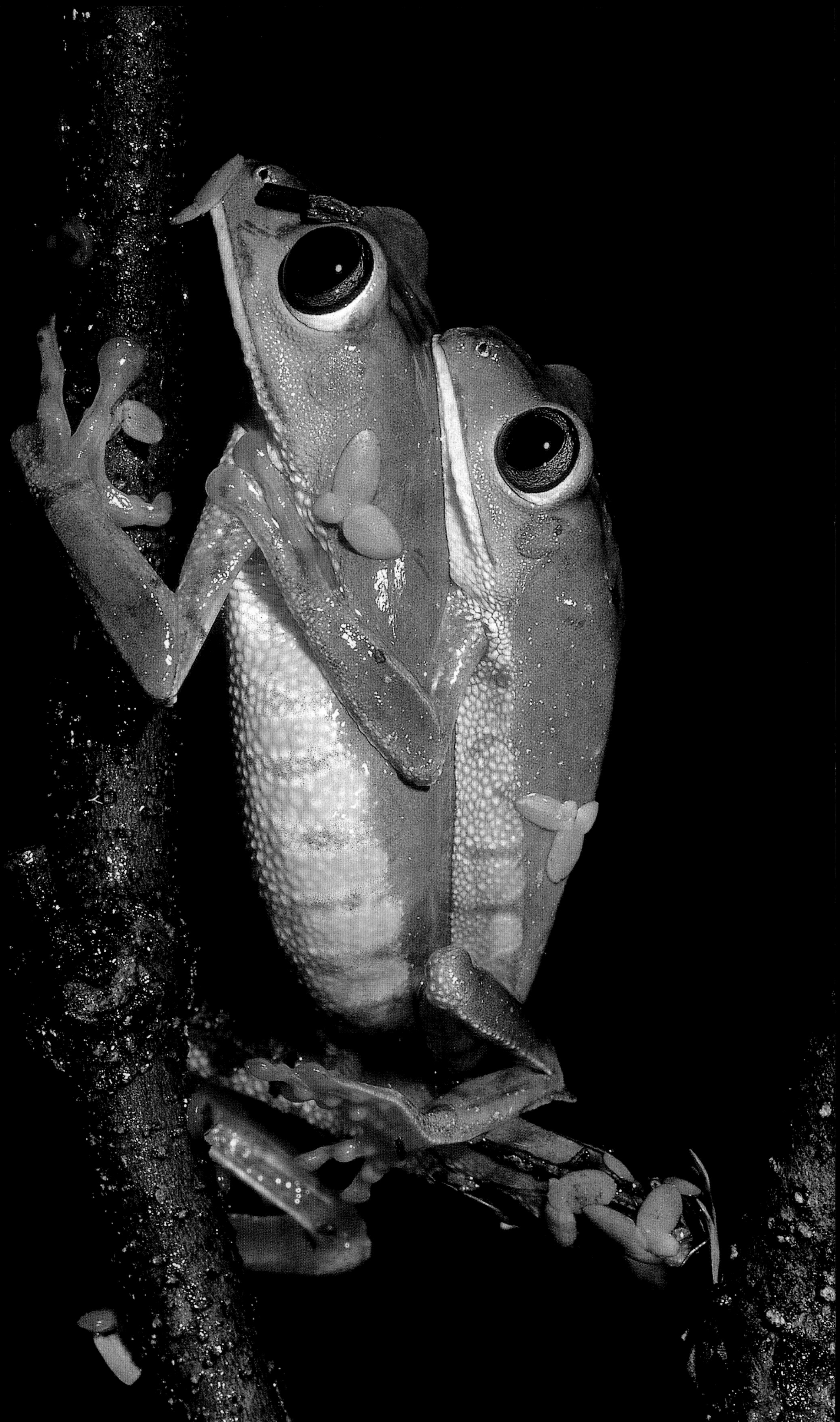

交配

虽然看起来很像，但青蛙并不会交媾，也就是说不会在体内交配。相反，它们形成了一种称为"抱对"的姿势。这个词来源于拉丁语的"拥抱"，这也正是它的本质。雄蛙爬到雌蛙的背上，紧紧地抓住雌蛙。然后雌蛙开始产卵，雄蛙则立即将精液洒在卵上。因此，受精是在体外进行的。所谓受精，就是卵子和精子结合形成基因独特的受精卵。抱对可能持续几分钟或几个小时，这取决于不同的物种。生活在潮湿热带地区的蛙类一年四季都能繁殖。鸣叫和交配的过程终年连续不断，但大雨过后通常是最富有创造力的时候，因为这个时候的条件最适合受精卵的生存发育。而生活在限制更多的栖息地的物种，比如那些经历冬天或干旱的物种，每年只有很少的繁殖机会——也许只有一次。

当条件有利时，整个种群的青蛙都会尝试繁殖。这导致了青蛙活动爆发式地激增，大量的青蛙移动到繁殖地点，雄性青蛙发出巨大的合唱声，并激烈地争夺配偶——经常会很暴力。虽然热带的青蛙物种有时通过叫声来吸引配偶，但爆发式的繁殖者更加不顾一切：雄蛙会抓住任何可以移动的东西，包括其他的雄蛙或者是其他物种的雌蛙。

爆发式的繁殖者倾向于回到它们还是蝌蚪时生活的那个池塘或水体。毫无疑问，对幼体时闻过的气味的记忆可以帮助成体青蛙识别出自己的家，但也可能它们就是记得家在哪里。

◁ 两只条纹叶蛙（*Callimedusa tomopterna*）正在抱对。像这样的树蛙和其他较近期演化出来的蛙类物种都有"前抱对"的习性，也就是说雄性会抓住配偶的上臂和腋窝。

△ 离趾蟾属（*Eleutherodactylus*）的两只雄性雨蛙试图与一只雌蛙交配。最上面的那只雄蛙不太可能有成功的机会。

△ 只雄性娇美绿树蛙在交配时不停地鸣叫。这种叫声能阻止雄性竞争对手靠近。

◁ 箭 毒 蛙 ， 包 括 金 色 箭 毒 蛙
（ *Phyllobates terribilis*），可以频
繁地交配，达到每个月交配一次的
频率。它们会使用一系列的抱对姿
势。这一对箭毒蛙采用的是基本的
抱腹式，即雄蛙抓住雌蛙的腹部，
而不是腋下。在其他情况下，它们
可能使用"抱头式"，即雄蛙抓住
雌蛙的头部。

◁ 欧洲普通青蛙（*Rana temporaria*）的抱对通常是在水里。

▷ 在繁殖季节，对配偶的竞争是非常激烈的，雄性经常在雌性到达繁殖水域之前就"伏击"它们。这种策略并不总是好的，因为它们交配时受精的卵可能会在河岸上干涸、死掉。

▽ 雄性的佩巴斯斑蟾（*Atelopus spumarius barbotini*）一旦找到自己的配偶，就不会放手，直到它让尽可能多的卵子受精。这意味着抱对可能会持续几天甚至几周。雄性会分泌黏液，把自己的肚子粘在配偶的背上。然而，卵子和精子并不能连续产生，所以它们会被产在几个不同的窝巢中。

▷ 这团拥挤在一起的雄性欧洲普通蟾蜍（*Bufo bufo*）中有一只雌性。它几乎无法控制谁将成为这场战斗的胜利者并成为它的伴侣。一只雌性蟾蜍被困在蟾蜍"球"里淹死，而雄性蟾蜍却在忙着争夺它，这种情况并不罕见。

△ 这只雄蟾蜍很幸运地找到了一个合适的伴侣。像这样的大个头雌性能产下大约5000枚卵。

马达加斯加牛蛙（*Laliostoma labrosum*）是生活在马达加斯加的常见蛙类物种。它们小小的受精卵被产在水坑和不流动的水池中。

性别差异

　　许多种类的青蛙都表现出一种叫作"性双型"的现象，简单地说就是雄性和雌性看起来不一样。例如，一个性别比另一个性别的个体更大是很常见的。在有连续繁殖期的热带蛙类物种中，雌性通常体形较大，这使它们能够产大量的卵。然而，季节性繁殖的物种，比如牛蛙和蟾蜍，雄性往往个头更大。因为这些雄性必须进行更加激烈的竞争，甚至为了获得配偶而大打出手。在这种情况下，一般来说，体形较小的雄性根本无法获得交配权。

　　在某些情况下，区分雌雄的唯一方法就是寻找一种被称为"婚垫"的构造。在交配季节，雄性青蛙的第一根手指内侧的皮肤增厚最为显著，因为这些婚垫的作用是帮助雄蛙"抓住"配偶。

▷ 这只雄性白唇树蛙（*Litoria infrafrenata*）是亮绿色的，以确保潜在的配偶能看到它。雌性则采用了更隐蔽的伪装色，从而能不被捕食者发现。这是一个很好的例子，说明了同一物种的雄性和雌性的不同需求。

△ 这对欧洲普通青蛙（*Rana temporaria*）看起来像是不同的物种。然而，红棕色的个体其实并不罕见，雄性有时还会在交配季节变成蓝色。

▷ 这只雄性番茄蛙（*Dyscophus antongilii*）比它的配偶小得多。然而，这并不是劣势。制造卵子比制造精子需要更多的能量，所以较小的雄性可以很容易地产生足够多的精子来让它的配偶排出的卵子受精。

△ 在这只来自秘鲁的雌性行走树蛙（*Phyllomedusa palliata*）
肿胀的腹部中，可以清楚地看到准备受精的卵子。

产卵

　　"蛙卵"这个名词是指交配结束后留下的大量胶冻状卵。通常它们会漂浮在水中或粘在植物上。大量的卵被鱼类捕食，对此它们毫无自卫能力。一些物种将卵产在相对安全的地下巢穴中，或者将卵产在悬在水面上方的树枝上。与爬行动物或鸟类的卵不同，蛙卵没有防水外壳；相反，胚胎在一个胶冻球中发育，这使它很容易变干，几乎无法抵抗感染或寄生虫的侵袭。在水域外产的卵可能不会受到鱼类的伤害，但青蛙父母经常要花费大量的时间和资源来确保它们正在生长的卵保持湿润和清洁。

△ 一对欧洲普通青蛙在水中交配，水里充满了其他夫妇留下的蛙卵，而这只雌蛙将会为此处再增添约2000颗卵。

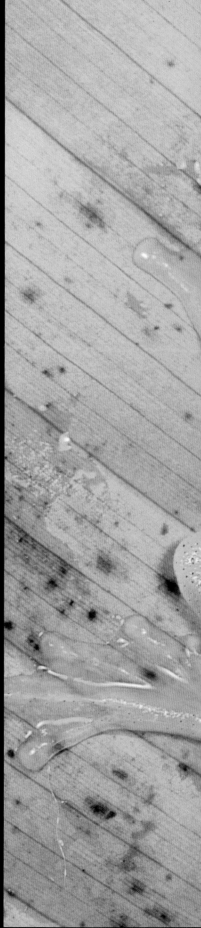

▷ 一只雌性弗莱希曼玻璃蛙（*Hyalinobatrachium fleischmanni*）在一片树叶上照料它的卵。它会定期回到它们身边，为它们提供一层黏液保护层。这样可以保持卵的湿润，也可以防止真菌和寄生虫的侵袭。

△ 发育中的蝌蚪的头和尾在这些卵中清晰可见。

◁ 来自加里曼丹岛的搅打蛙得名于它们用后腿搅打泡沫巢的方式，比如这种脊耳树蛙（*Polypedates otilophus*）。

▽ 大灰树蛙（*Chiromantis xerampelina*）通过吐出黏液和空气的混合物，在水面上的树枝上形成一个巨大的泡沫巢。雌蛙在松软的泡沫中产卵，数只雄蛙则互相争斗着，只为能将精液加入其中。然后泡沫会变硬，在蛙卵周围形成一个保护层。当卵孵化后，蝌蚪就会从泡沫中钻出来，落入水中。

△ 在马达加斯加，一只蚂蚱的若虫正在造访一片树叶上的一团卵——一旦里面发育的小蝌蚪长到足够大，它们就会掉进下面的水池里。

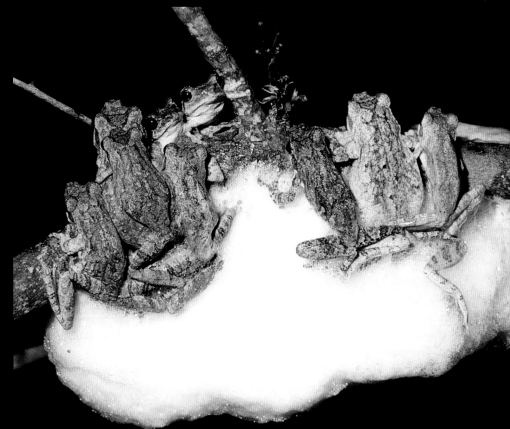

小宝宝。它们经常在凤梨科植物或类似植物形成的小水池中产卵。图中，一只雄性的三条纹毒蛙（*Ameerega trivittata*）背上驮着一些刚孵化的蝌蚪。它会把它们带到更大的池塘中，在那里它们可以自己觅食。

△ 金色箭毒蛙（*Phyllobates terribilis*）的受精卵在叶子上的小水洼中发育。胚胎

雄性产婆蟾（*Alytes obstetricans*）负责照顾卵。它们通常会同时携带自己与几位配偶的受精卵，在洞穴中守护这些卵7至8周后，再将卵转移到水中，在那里卵可以孵化成蝌蚪。

蝌蚪

蛙卵通常需要几个星期才能发育成蝌蚪。一旦孵化，蝌蚪的全部生活目标就是进食和生长。蝌蚪一般一两个月就能成长为青蛙，确切的时间在很大程度上取决于水的温度和食物的供应。然而，有些蛙类会停留在蝌蚪阶段几个月甚至几年之后才会长成成体蛙。

这方面最好的例子就是奇异蛙（*Pseudis paradoxa*），它是南美的一个属中的七个物种之一。该物种因其蝌蚪经过一年多的时间可以长到25厘米长而得名。当它们最终发育成成体青蛙时，体长大概只有蝌蚪时期体长的1/3。

动物的幼体怎么可能比成体还大呢？这个问题的答案就在于尾巴。大多数青蛙在变态之后还会继续生长，但奇异蛙的蝌蚪身体和成体青蛙一样大，缩小的部分在于蝌蚪的尾巴被重新吸收到青蛙体内了。

△刚孵化时，蝌蚪有羽状的外鳃。几天之后，这些外鳃就会被一层叫作鳃盖的皮肤包裹起来。

◁ 大多数蝌蚪是植食性动物。它们
以微小的藻类为食，或者用嘴里成
行的角质齿从死去的植物上刮下一
大团细胞作为食物。植物性食物需
要大量的消化过程，而蝌蚪有一条
长长的、高度卷曲的肠道。

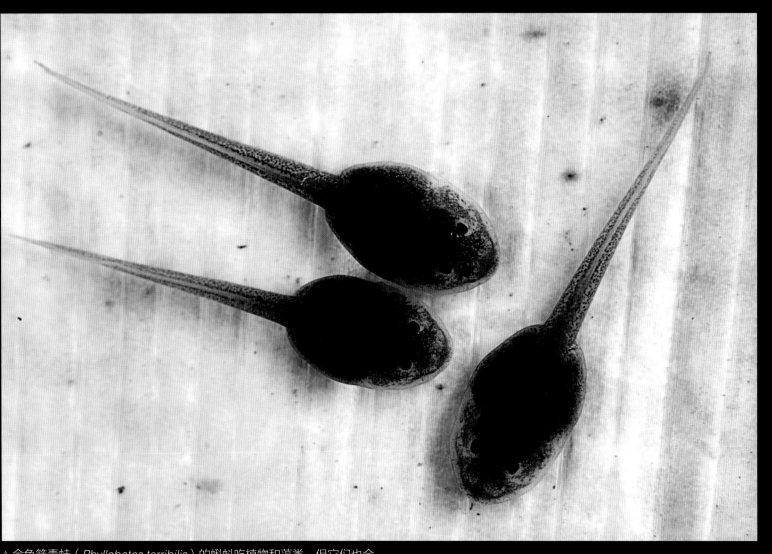

△ 金色箭毒蛙（*Phyllobates terribilis*）的蝌蚪吃植物和藻类，但它们也会

大多数箭毒蛙的蝌蚪会在浅水池中度过它们的幼体阶段。图中这只生活在森林水坑里的是网纹箭毒蛙（*Ranitomeya reticulata*）的蝌蚪。它的母亲会时不时地给它喂食自己未受精的卵。

只刚发育为成体的欧洲树蛙（*Hyla arborea*），它就能爬上岸了，它的鳃几乎都萎缩了，但它已经可以在空气中呼吸了。然而，此时尾巴却成了一个障碍，所以蝌蚪通常会待在水里，直到它变为一只完全成形的小青蛙。

▽ 一只刚发育为成体的欧洲树蛙（*Hyla arborea*）栖息在一片叶子上。这只没有了尾巴的小青蛙现在可以跳来跳去了。

小青蛙

失去尾巴、拥有发达的后肢之后，小青蛙还有一段很长的成长道路要走。大多数小青蛙都住在它们的"托儿所"附近，这通常也会是它们第一次捕猎的地方。一般来说，小青蛙在陆地上独立生存之前，还有大量的发育过程需要完成。

有几类蛙能够以小青蛙的身份抢占先机，它们要么在蝌蚪阶段获得了更多的保护，要么完全绕过了蝌蚪的阶段。

南美洲的达尔文蛙（*Rhinoderma darwinii*）就是一个例子。这个物种的雄蛙将刚孵出的蝌蚪塞进自己的声囊，并让它们住在里面，直到它们准备好发育成小青蛙。巴西的三趾小蟾蜍的卵可以直接孵化成小型版的成体蟾蜍，而离趾蟾属（*Eleutherodactylus*）的雨蛙也使用这种"直接发育"的方法。波多黎各金蛙（*Eleutherodactylus jasperi*）则更进一步，能直接产下小青蛙。像爬行动物和鸟类一样，直接发育的蛙类的卵中都储存着大量的卵黄，为成长中的小青蛙提供延长发育所需的营养。

▽ 这种长相奇特的扁平物种被称为苏里南蟾蜍（*Pipa pipa*），又称负子蟾。它的全部生命阶段都是水生动物，即使进入成体阶段也是如此。苏里南蟾蜍也有独特的方法来抚育它的孩子。有多达100颗受精卵被嵌在雌蛙背上的皮肤中，在那里它们发育3~4个月，然后直接孵化成小蟾蜍。

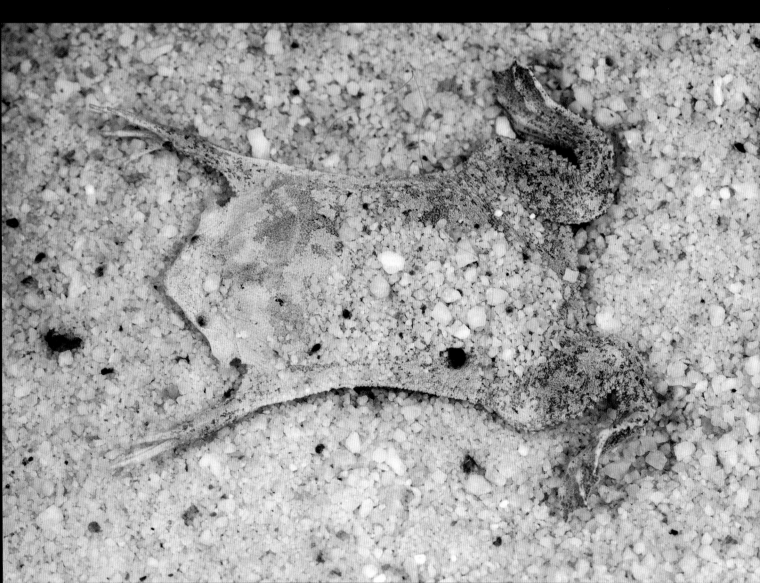

◁ △ 左图中的这只黄条纹毒蛙
（*Dendrobates truncatus*）的蝌蚪
很快就会变成陆地生活的小蛙。即
使是在未发育完全的阶段，它已经
呈现出成体青蛙（上图）所拥有的
醒目的条纹图案。

△ 作为一种行走树蛙，双色叶蛙
（*Phyllomedusa bicolor*）的蝌蚪
能够在树叶上散步，倒也并不令人
意外。

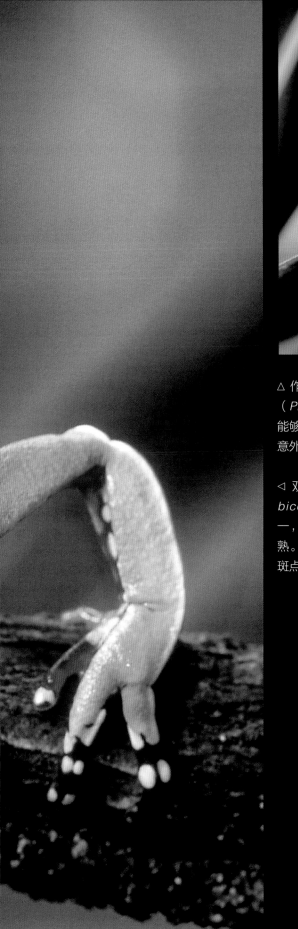

◁ 双色叶蛙（*Phyllomedusa bicolor*）是世界上最大的树蛙之一，需要几年的时间才能发育成熟。图中的这只呈现出幼蛙身上的斑点图案。

水蝾螈的繁殖

水蝾螈和蝾螈的繁殖行为与青蛙完全不同。对这些物种中的大多数来说，受精都是在体内进行的：一小包雄性的精子被引入雌性的生殖口，随后精子与雌性体内的卵子结合。

精子是在一个复杂的交配过程中被转移的，这个过程因物种而异。与青蛙的繁殖相比，这个过程更多地依赖于气味而不是外貌。雄性释放的气味会让雌性愿意接受交配。有些种类的蝾螈会更进一步：雄性会用牙齿刮伤配偶的背部，让它流血，然后将刺激激素直接释放到它的血液中，使其成为一个乐于接受求爱的伴侣。

这个群体的一些成员不是真正的两栖动物，相反，它们一生都生活在水里或一生都在陆地上。因此，它们的生活史在某种程度上被简化了。水生的蝾螈（如水狗和泥螈）从卵孵化为蝌蚪状的幼体，这些幼体在不改变基本体形的情况下成长为用鳃呼吸的成体。陆生的种类，如北美的蝾螈会经历直接发育的过程，即它们的卵直接孵化为小型成体。不过，水蝾螈是真正的两栖动物。像青蛙一样，它们会经历一个水生的用鳃呼吸的阶段，然后才成为有肺的、主要陆生的动物。

△ 一只高山水蝾螈（*Ichthyosaura alpestris*）正在展示它橙色的腹部。

▷ 只有雄性大冠水蝾螈（*Triturus cristatus*）才有高冠，而且只有在繁殖季节才会长。春天和夏天的求偶和交配都在水中进行。

△ 雌性大冠水蝾螈（*Triturus cristatus*）产卵时，会用树叶将卵包裹起来以保护它们。

△ 雄性大冠水蝾螈巨大的尾鳍帮助它与其他雄性竞争，同时也是一种有效的游泳辅助器官。

▷ 雄性高山水蝾螈（*Ichthyosaura alpestris*）在交配季节不会长出明显的凤冠，但它们的颜色非常鲜艳，这有助于它们在充满水生植物的背景中脱颖而出。

△ 雌性高山水蝾螈和雄性水蝾螈有着相似的颜色图案，但没有雄性那么醒目。

▽ ▷ 自卵中孵化出来后，这些光滑水蝾螈（*Lissotriton vulgaris*）的幼螈就用羽毛状的鳃呼吸。与蝌蚪不同的是，水蝾螈的鳃一直长在身体的外面，直到水蝾螈做好了离开水的准备。在水温较低的地方，水蝾螈的幼螈发育缓慢，可能好几年都不会变成陆生的小蝾螈。

◁ 高山水蝾螈的卵被固定在水生植物上以获取更好的保护。

▽ 和肺一样，鳃的工作原理也是要拥有尽可能大的表面积。在这方面，水蝾螈的鳃好像是一个内表面外翻的肺：羽毛状的部分充满了血管，可以吸收溶解在水中的氧气。和青蛙一样，水蝾螈也能通过皮肤呼吸。

非洲树蛙的一种（*Heterixalus punctatus*）。摄于马达加斯加。

玻璃蛙的一种（*Teratohyla spinosa*）。摄于哥伦比亚。

华丽箭毒蛙（*Oophaga sylvatica*）。摄于哥伦比亚。

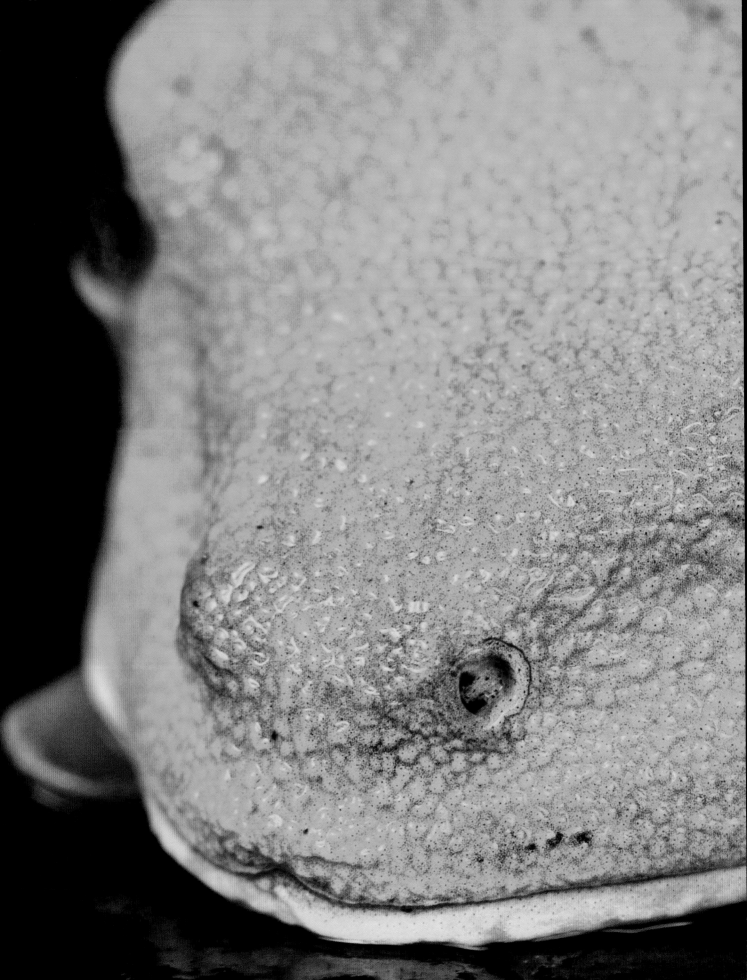

中国科学院古脊椎动物与古人类研究所研究员，主要从事古两栖爬行动物研究和地质古生物学科普工作。

在过去的一个多月里，我多了一项"爱好"，就是每天晚上抱起我的电脑，半坐半躺在沙发上，翻译这本英国 DK 出版社的畅销书。据说这本书已经重印了多次，这显示了读者对它的喜爱。但其实一开始当科学普及出版社的编辑老师找到我时，我是有些顾虑的，首先我对书的作者并不熟悉，不了解他的写作风格；另外自己年底各种事情很多，不知能否静下心来，找到文字上的感觉。翻译了一段时间后，我发现这是一本出色的关于青蛙的科普书，拥有精美的图片和通俗易懂又生动有趣的语言。而现在国内市场关于青蛙的科普书极少，这也更显示出本书的重要性。我也很高兴出版社选中我做这样的工作，把青蛙的奇妙世界介绍给中国的读者们。实话说，我自己很享受翻译的过程，而且有些沉浸其中不能自拔，毕竟这比每天复杂烦琐的工作有趣得多；翻译的同时，也带给我很多美好的回忆。

这本书让我回忆起 20 世纪 90 年代中期，自己在美国求学两栖类分类学和生态学的不少经历。看到书中以我的导师琳达·特鲁布（Linda Trueb）教授的名字命名的南美洲蛙类新物种——琳达雨蛙、特鲁布

玻璃蛙等，感觉很亲切，也能感受到这些青蛙新物种的命名人，她的先生，同是堪萨斯大学两栖类研究大家的威廉·杜尔曼（William Duellman）教授的浪漫。两位教授都很有个性，妻子结婚后也不随丈夫的姓，让我这个初踏异域的中国学生一头雾水。记得这一对伉俪在堪萨斯大学自然历史博物馆的两栖爬行动物研究室一同任教，丈夫的办公室正对着研究室的前门，妻子的办公室守住了后门。所有学生被他俩洞察眼底，谁也不敢偷懒。我又想到我们给琳达过 55 岁生日时，她的得意门生，我的师姐安·玛格丽娅（Anne MagLia）买了一个"限速 55 英里（约 88 千米）"的路牌，立在了她的办公室桌子上，让她"悠着点儿"。转眼，老师年近八旬，而我也过了知天命之年。翻译这本书，正是以科普译著的形式，向我的导师琳达·特鲁布教授致敬。

本书的作者托马斯·马伦特是一位自然摄影师，算是一位艺术家了，他能把青蛙的科普写得如此生动而又兼顾科学性，的确让人钦佩。特别是他在世界各地的寻蛙经历，读起来非常有趣。比如这段在苏门答腊岛的惊险经历：

"向导表示同意，说那一定是老虎，而且听起来不太友好。我很兴奋，但同时也有一点儿害怕。最终，我的好奇心占了上风，我请向导让我靠近一些，以便能亲眼看到一只生活在栖息地的野生老虎。他断然拒绝了，'没门儿，'他说，'我们最好马上离开。'我很失望，但这可能是正确的做法。然而直到今天我仍然在想，如果我们当时靠近看一看，会发生什么？"

不无遗憾的是，显然作者没有来过中国。如果马伦特先生能来中国，一定会拍到中国许多独特又美丽的两栖动物，比如中国大鲵、峨眉髭蟾、桑植角蟾、版纳鱼螈，等等。这样，中国读者也会更感亲切。

书名叫《蛙》，但作者却加入了一些关于欧洲的蝾螈的内容，大概和他自己在欧洲的生活经历有关吧。我想起了自己在十多年前曾跟随捷克查理大学的兹比尼克·罗杰克（Zbyněk Roček）教授在波希米亚山区的一个个小池塘中寻找水生蝾螈的经历。当时找了两天，但我们一无所获。教授不无感伤地告诉我，人类活动破坏了这里蝾螈的栖息地，它们越来越少见了。无论是青蛙还是蝾螈，它们都很脆弱，希望人类能关注到它们，给它们一定的生存空间。

一涉及生物的分类，一群学者就会打破脑袋，大家都各执己见。举一个最简单的例子，大家都喜欢恐龙，但全世界到底有多少种恐龙，估计没有哪位学者能给出一个大家都能接受的答案——别说个位数，在百位数上都难以达成一致。青蛙的分类也是如此。遇到这种情况，我的办法是选择一个比较权威的网站，比如美国自然历史博物馆的达雷尔·弗罗斯特（Darrel Frost）做的世界两栖类物种网站，就是本书分类学数据的主要依据。该网站每年有超过百万的访问

量，被业内誉为做了两栖动物学史中非常重要的研究工作。当然，美国加州大学伯克利分校也有一个很好的网站，叫 AmphibiaWeb。但两者二选一，我自然选择前者，达雷尔是我的堪萨斯大学校友兼学长，算是两栖类研究领域中"堪萨斯帮"的一员——你看，科学家也是普通人。

本书的英文首版是 2008 年出版的，随着时间的推移，很多两栖动物的学名或分类位置发生了变化，我在翻译本书时，也依据世界两栖类物种网站中公布的学术资料进行了更新，以期把最新成果介绍给读者。

无论国内还是国外，两栖动物似乎都不如恐龙受欢迎。但 "They are cool"（这是一个双关语，在英文中，既可以理解为"它们的身体是凉的"，也可以理解为"它们酷毙帅呆了"）。我记得我在美国读书时的同学 Rosco 用一个长度超过 1 米的大养殖缸养了一只巨大的阿根廷角蛙。它伏击猎物的场景给我留下了深刻的印象："我等，我等，我等等等""我扑，我咬，我吞吞吞"。真是够酷的！希望大家和我一样喜欢这些可爱的青蛙和各种各样的两栖动物，无论是现生的，还是史前的。

最后，我想借此篇译后记感谢科学普及出版社将此书引进中国，感谢出版社编辑的辛勤工作。特别感谢琳达在二十余年前引领我走进两栖爬行动物研究的殿堂。

致谢

DK感谢Steve Willis在色彩复制方面的娴熟工作，以及Tim Halliday在内容方面的建议。

Thomas Marent感谢以下人员的帮助、支持和鼓励：Carlos Andrés Galvis、Andrés Quintero、Moritz Grubenmann、Samuel Furrer、Harald Cigler、José Vicente Rueda、Jonh Jairo Mueses、Marco Rada、Gérman Corredor、Martin Haberkern，以及伦敦DK的创意团队，特别是Helen McTeer、Tom Jackson和Ina Stradins。

出版商感谢以下单位或个人允许我们使用他们的照片。（缩写字：a-上图；b-下图；c-中图；l-左图；r-右图；t-顶图）Alamy Images: Arco Images 156b; Ardea: Elizabeth Bomford 253b; Corbis: Visuals Unlimited 157; FLPA: Albert Visage 156t; Andrés Morya (Switzerland): 211; NHPA / 拍照：Stephen Dalton 170—171；照片库：Berndt Fischer / Oxford Scientific (OSF) 164—165。